# A型女美丽养成法

（澳）艾丽卡·安吉亚尔 著

高芃 译

北方文艺出版社

黑版贸审字　08-2010-040 号

原书名："世界一美しい"A型美女になる方法
"SEKAI-ICHI UTSUKUSHII" A-GATA BIJO NI NARU HOUHOU by Erica Angyal
Copyright © Erica Angyal 2008
All rights reserved.
Original Japanese edition published by SHUFU-TO-SEIKATSU SHA LTD.

This Simplified Chinese edition published by arrangement with
SHUFU-TO-SEIKATSU SHA LTD., Tokyo in care of Tuttle-Mori Agency, Inc., Tokyo
Through Beijing GW Culture Communications Co., Ltd., Beijing

**版权所有　　不得翻印**

## 图书在版编目（CIP）数据

A型女美丽养成法 / (澳) 安吉亚尔著 ; 高芃译. --
哈尔滨 : 北方文艺出版社, 2011.1
ISBN 978-7-5317-2589-3

Ⅰ.①A… Ⅱ.①安… ②高… Ⅲ.①女性－美容－基本知识②女性－化妆－基本知识 Ⅳ.①TS974.1

中国版本图书馆CIP数据核字(2010)第260391号

**A型女美丽养成法**

| | |
|---|---|
| 作　者 | [澳]艾丽卡·安吉亚尔 |
| 译　者 | 高　芃 |
| 责任编辑 | 刘　薇 |
| 封面设计 | 烟　雨 |
| 出版发行 | 北方文艺出版社 |
| 地　址 | 哈尔滨市道里区经纬街26号 |
| 网　址 | http://www.bfwy.com |
| 邮　编 | 150010 |
| 电子信箱 | bfwy@bfwy.com |
| 经　销 | 新华书店 |
| 印　刷 | 北京大运河印刷有限责任公司 |
| 开　本 | 880×1230　1/32 |
| 印　张 | 6 |
| 字　数 | 100千 |
| 版　次 | 2011年2月第1版 |
| 印　次 | 2011年2月第1次 |
| 定　价 | 25.00元 |
| 书　号 | ISBN 978-7-5317-2589-3 |

## 致读者

本书是健康指导性书籍,向各位读者提供能让自己变得更加健康而美丽的各种方法。

本书所介绍的饮食方法、健身方法和运动方式以及保健品、食品等仅供参考。如果你感觉自己身心状况不佳或有食品过敏情况时,请及时到医院就诊。

如果现在正在医院接受治疗的读者想尝试本书所提供的健康美容法,请谨遵医嘱,在医生或专家的指导下进行。

# "世界最美" A型血美女的美丽秘诀

## 知花库拉拉（Kurara Chibana）

2006年度日本环球小姐大赛亚军

曾经体质虚寒的库拉拉通过改变饮食和入浴方式对身体进行了有效的调理！

"当我还是参赛候选人的时候，第一次接受了艾丽卡的指导。那时候，她给我的建议中让我印象最深的就是'尽量吃黑面包'！于是我才知道，原来美丽和健康及饮食密切相关。所以，从那时起到现在，我总是时刻提醒自己要注意饮食。"（库拉拉）

库拉拉和众多女性一样，有体质虚寒的症状。所以我给她提的建议是，不要摄入精制面粉和白砂糖等。除此之外，还建议她摄入欧米伽-3（参见第27页）和银杏叶精华营养素等营养保健品来促进体内的血液循环。

对体质虚寒的人，我建议她们定期用"干刷浴"（参见第49页）和反复入浴法洗浴。

"见到了艾丽卡，我才知道'健康的美'原来有如此大的魅力。对于我们这些候选人来说，艾丽卡是非常值得信赖的营养顾问。"

（库拉拉）

A型人的特点是敏感认真,容易让自己有压力,所以要保持美丽千万不能忽视缓解压力的重要性。

如果你也想拥有库拉拉一样的体形,那么请一定要注意你的饮食,避免体寒!

# A型血女明星的美容方法大公开

矢野志保

洛温妮丝·帕特洛

自称是"健康专家"的格温妮丝·帕特洛（Gwyneth Paltrow），也是出了名的血型瘦身法的粉丝之一。她一直坚持做瑜伽，还是新时代粗食主义（macrobiotics）者。作为A型血人，她的饮食和运动简直可以称得上是典范。和格温妮丝一样喜欢瑜伽的矢野志保（SHIHO）也拥有非常柔韧的身体。虽然杂志上常说吃火腿和腊肉可以摄入蛋白质，但是，相比之下，我认为还是食用豆类和鱼类更好一些。就像某水果的形象代言人押切萌一样，A型血的人一定要注意多摄取具有抗氧化作用的水果。竹内结子采用的骨盆训练法也非常值得A型血人借鉴。说到妮可·基德曼，我觉得她的运动量过大了。A型血人应该多做一些像瑜伽或者普拉提一类的运动。藤原纪香和她的丈夫非常热衷于打高尔夫球。在清爽怡人的绿色环境中打高尔夫，身心可以得到充分放松，这是非常适合A型血人的运动之一。长谷川理惠作为"果蔬专家"当然值得称道，但每天一个小时的跑步多少还是有些过量。我认为除

押切萌

妮可·基德曼

竹内结子

了跑步,偶尔做做瑜伽也是不错的选择。产后胖乎乎的友阪理惠非常可爱。但是追求完美主义的A型血人要注意"减肥不能过度"。友阪热衷天然食品,这对她本人以及孩子都大有益处。苍井优为了角色的需要曾经大幅减轻体重。A型人应该尽量采用健康的方法减轻体重。如果摄入的营养不够,很容易出现像妊娠纹线一样的皱纹。安吉丽娜·茱莉有专门的私人教练,在饮

藤原纪香

长谷川理惠

友阪理惠

食方面,她坚持以鱼为主的膳食结构。不用说,这当然是最完美的饮食喽!

安吉丽娜·茱莉

艾丽卡的建议

也许是由于压力的原因，A型血演艺名人容易过度克制自己。她们总会不知不觉地勉强自己去做某一件事，因而极易走极端。要想生活得快乐，就要学会找到能让自己放松的方法。到田间去接触大自然肥沃的土地，或者进行适当的体育锻炼，这样你一定会变得更加光彩照人！

苍井优

# A型血美女的生活方式
# 森理世
## 2007年度环球小姐大赛冠军

"抹茶+豆浆"对A型美女来说，这是绝佳的美体饮料。

由内至外的舒展放松是A型美女每天的必修课。

理世的食谱,对 A 型美女而言是最完美的!

——艾丽卡

正是因为有了艾丽卡的建议,我的皮肤和身体才获得了更完美的体现。

——理世

**理世的饮食简直无可挑剔，
但唯一不足的是水分摄取不足！**

森理世之所以能在2007年夺得世界大赛的冠军，她的老家——静冈的饮食习惯对她来说功不可没。因为那是一种完全适合A型人的营养均衡的膳食结构。

在饮食方面，我甚至没有对理世做过任何指导。

"早餐一定是跟家人一起吃。吃的东西嘛，就像日式旅馆的早餐一样。中午的盒饭呢，都是母亲给我做的，晚饭则由祖母来负责。餐桌上的一日三餐都是以鱼为主的传统日本菜。"（理世）

成为大赛候选人后，理世一直坚持每天往返于位于东京的环球小姐训练基地和老家之间。"每天从家到东京去参加训练的确很辛苦。但是对我的身体而言，家里的饭菜更合适一些。"（理世）

但是，理世唯一不足的是水分的摄入量不够。人体内会不断产生老化的废弃物质，水不仅有解毒、排毒的作用，还能够促进消化，提高人体对矿物质的吸收能力。为了方便饮用，我曾建议她在水中加入少量100%的苹果汁或者橙汁。

2007年，作为日本环球小姐的理世在纽约生活的时候依然很注意身体的自我调养。

"在纽约的时候，我一直尽量坚持自己做饭。艾丽卡教我用荞麦面粉和黄豆粉做的烤饼（参看文前第X页图，做法见第106页），是我直到现在也非常喜欢的主食之一。成为环球小姐后责任重大，而且每天要奔波于世界各地。在外面吃饭的时候，我总是控制自己只吃到八分饱。即使是在飞机上，我也从没间断过防止浮肿的锻炼以及每天该做的运动。"（理世）

要使身心保持在最佳状态，就一定要时刻注意自己身体内部的变化。理世在成为环球小姐冠军以后仍然坚持这一点实在难能可贵。"在墨西哥举行的世界大赛开赛之前，当我感觉自己有些神经质时就给艾丽卡打电话。虽然仅仅是简单的通话，却能够让我放松下来。饮食方面的指导自然不用说了，在心理方面艾丽卡也让我受益匪浅。"（理世）

# 目录

5　前言

8　序言　血型与美容的关系

12　本书的使用方法

## 第一章　皮肤篇

14　适合A型血的美肤食品·饮食

20　适合A型血的美肤食品·零食

27　小常识1　能让你变美丽的油脂和让美丽大打折扣的油脂

31　专题1　比化妆品还有效的食物

## 第二章　身体篇

34　适合A型血的美肤食物·蛋白质

40　适合A型血的锻炼方法·运动

46　小常识2　艾丽卡的澳式自然美容护肤法

50　专题2　植物营养素，美肤必不可少的营养素

## 第三章　减肥篇

*58*　小常识3　血糖与美丽、衰老的关系

*61*　专题3　如何明智地判断食品成分

## 第四章　压力篇

*70*　小常识4　压力激素——皮质醇

*73*　专题4　艾丽卡的微笑是我的精神支柱

## 第五章　体质虚寒篇

*82*　实例见证1　A型血的她变美的原因之一

*85*　专题5　环球小姐的美丽身材锻炼法

## 第六章　疾病篇

*93*　实例见证2　A型血的她变美的原因之二

*97*　专题6　感冒时安全、不刺激的自然调节法

## 第七章　早晨篇

*105*　专题7　艾丽卡式清晨享受法

# Contents

# 第八章 睡眠篇

113 专题8 愉悦的性生活能够延缓肌肤衰老

# 专为A型女提供的健康指导

116 专为A型女提供的健康指导·饮食篇

119 专为A型女提供的健康指导·运动篇

120 专为A型女提供的健康指导·生活方式篇

122 艾丽卡推荐的适合A型血的美体健康食品

124 后记

126 附录 A型女明星

# Preface 前言

**如果你希望自己能像环球小姐一样美丽，那么一定要充分利用自己的血型特点！**

"你是什么血型？"

23年前，当我作为交换留学生从澳大利亚来到日本九州的一所高中上学的时候，周围的人见到我以后首先都会问我这个问题。

那时我才知道，原来根据血型可以判断一个人的性格。这实在让我惊讶不已。因为23年前无论是在澳大利亚还是美国，很多人都不知道自己的血型。

但是在今天，欧美国家关于"血型与人体体质之间关系"的研究却越来越深入。临床研究表明，与血型相适应的饮食和生活方式对美容和健康非常有益。这些研究结果引起了全世界数以百万的人们的关注。在欧美，甚至很多医生以及医务工作者也从众多的健康疗法中推荐"血型饮食法"（或"血型瘦身法"）。

我认为"不同血型饮食方法不同"是非常值得信赖的美容方法之一，它可以用来回答"为什么会有个体特征的不同"以及"为什么个体会呈现出多样性"（例如，为什么人们喜欢的食物以及生活方式会各不相同）等一系列的问题。

正因为如此，我希望自己能开启这一扇崭新的大门：引领大家走向美的世界！

在过去的11年中，我本人一直从事血型饮食方法的研究。

最初是在澳大利亚的一家医院与医生一起对患者进行指导，后来在日本指导日本环球小姐（MUJ）候选人选择适合自己的饮食和生活方式。因此，我亲眼看到许多人的皮肤、精力、体力以及健康状况都因为实践了"血型饮食法·生活方式"而有了显著的改善。就连奥斯卡影后格温妮丝·帕特洛也对媒体说：为了美容和健康，她正在采用适合A型血的饮食方法，现在感觉非常不错。有报道称，美国影星詹妮弗·洛佩兹和英国影星伊丽莎白·赫莉也在使用这一方法。

采用适合自己血型的饮食方法 + 健康的生活方式，只要你能够坚持下去，我可以保证，你将会有意想不到的收获！适合自己的饮食方法和生活方式会让你由内至外变美丽，而时刻保持在最佳状态所带来的满足感又一定会让你看起来更加光彩夺目。

日本环球小姐中有三位是A型血（森理世、知花库拉拉、美马宽子），她们之所以能分别取得世界第一、第二和第十五的好成绩，应该说"以血型为依据的美女养成法"功不可没。

为了把这个"秘籍"奉献给广大亲爱的读者，我决定将它汇成此书。

如果它能为你的美丽和健康带来助益，我将感到非常荣幸！

艾丽卡·安吉亚尔
Erica Agyal

# 序言

## 血型与美容的关系

**血型不仅与性格有关，还与人的体质密切相关。**
**想拥有美丽和健康的人千万不可忽视血型！**

要想身体健康，就要选择与血型相适应的食物及运动方式。这一理论的推广源于彼得·达达姆博士的"血型减肥法"。

最初，人类祖先的血型是O型。当时的人类属于狩猎民族，以肉食为主。后来，狩猎生活逐渐向农耕生活转变，于是出现了A型血。后来随着土地的扩张，又出现了移动性强的游牧民族，由此产生了B型血。一般认为，在人类文明的进程中，AB型血是最晚出现的血型。

我们可以这样认为，血型是随着人类生存环境的改变而逐一出现的。因此从理论上讲，我们应该能找到适合每一种血型的饮食及生活方式。

随着研究领域的进一步拓展，现在世界上有200万以上的人们正在实践血型饮食疗法。包括医疗机构在内，采用血型饮食疗法的人群中，不断有"成功瘦身，恢复健康"的实例报告。

我是从2004年开始为日本环球小姐候选人作血型饮食疗法指导的。例如，2008年的日本地区代表美马宽子就是A型血。宽子虽然拥有运动员一样的肌肉和紧致的体形，但为了能让她的下半身更瘦一些，我根据她的血型在饮食和运动方面对她进行指导。后来，她在参加世界大赛时拥有了理想的体形。

### A型　[A型人的祖先是农耕民族，适合以谷物和蔬菜为主的饮食]

A型血是狩猎民族向农耕民族过渡时期产生的血型。

A型人要想保证身体健康，饮食生活最好以谷物和蔬菜为主。蛋白质的摄取以鱼类和豆类为主，另外还可以吃一些水果，因为水果中也含有丰富的蛋白质。除此之外，还要注意摄取大酱、酱油等发酵食品。

要尽量减少食用肉类及脂肪含量高的乳制品，但是可以食用鸡肉、纯酸奶等食物。

"压力荷尔蒙"值较高的A型血人一定要注意让精神放松，可以通过瑜伽、太极拳、冥想等运动来缓解紧张的神经。剧烈运动、竞技运动只会让A型人精神疲惫。

与通过运动瘦身相比，A型人更应重视以蔬菜为主的饮食生活。

B型　[B型人的祖先是游牧民族，适合"肉类＋乳制品"的饮食和一些平衡运动]

B型血是四种血型中较幸运的血型，因为B型血人能消化肉类（鸡肉除外）、谷物、水果、蔬菜和乳制品等各类食物。

B型血也是唯一适合食用奶酪和牛奶等乳制品的血型。

消化吸收功能好的B型血，如果能将剧烈运动与放松运动相结合，将会达到非常好的瘦身、健身效果。

O型　[O型人的祖先是狩猎民族，无论是饮食还是生活方式都很积极向上]

人类的祖先是属于O型血的狩猎民族。和其他血型人相比，其消化能力强，容易消化动物蛋白质。因此非常适合含有高蛋白质的肉类、鱼类和水果蔬菜的饮食组合。

但是，像小麦粉这一类的谷物或者乳制品却不太适合O型血人。

如果要减肥，应该吃高蛋白质、低碳水化合物的食物。

因为动物蛋白质能够提高代谢速度、有效燃烧脂肪。

## AB型  [AB型血综合了A型血和B型血的特点]

AB型血综合了A型血和B型血的优缺点,是最复杂的血型。有很多食物只适合AB型血,或只有AB型血不适合。

特别向AB型人推荐的是以鱼类、蔬菜和豆腐等豆制品为中心的膳食结构。同时可以补充一些发酵乳制品和少量的肉类(鸡肉除外)。

适合A型人和B型人的运动虽然也都适合AB型人,但AB型人还是适合做一些能让身心放松的运动或不太剧烈的有氧运动。

# 本书的使用方法

本书以问答（Q&A）的形式介绍了适合A型人的美容方法和生活方式。
为了掌握正确的知识，请按照以下三个步骤阅读本书。

## *Step 1* 回答问题

试着回答各章中提出的问题。
从四个选项中找出一个你认为正确的答案，并填入答题栏中。
在答题栏中填入你认为正确的答案序号。

第116-118页是关于食物的

## *Step 2* 核对答案

答案在下页上方。
答案下面有关于正确答案的解释说明，请一定认真阅读。
看看你能答对几道题？

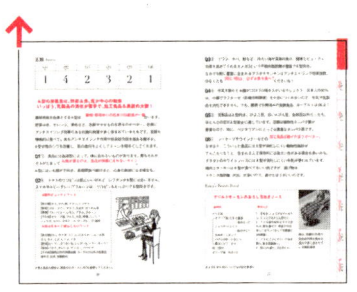

第119页是关于运动方法的

## *Step 3* 总结

从第115页开始，对适合A型血的食物、运动方法和生活方式进行了总结。
请在日常生活中慢慢地使用这些方法。

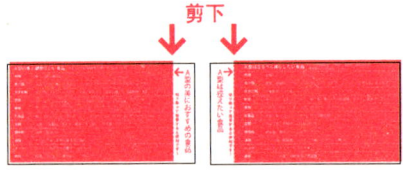

剪下腰封折页的部分，就是"A型血应该摄入的食物"和"应该少吃的食物"卡片，一目了然。经常携带在身边，无论是去超市购物还是外出就餐都可以作为参考，非常方便。

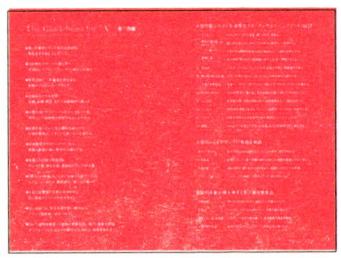

第120页是关于生活方式的总结。

Chapter

# 1

## 皮肤篇

**采用适合A型血的美肤饮食，
让皮肤变得光泽并富有弹性！**

要想使肌肤由内至外焕发光彩，应该吃些什么？
有没有不用控制饮酒和吃甜食又能美肤的方法？
让我来告诉你，A型人想变美丽应该选择什么样的饮食，
哪些食物可以吃，哪些食物尽量不要吃。

# 适合A型血的美肤食品·饮食

**Q1** 想成为美女，饮食应当以蔬菜为主，但是下列选项中<u>不适合</u>A型人的蔬菜有哪些？

① 富含维生素C和食物纤维的**地瓜**和加了葡萄干的沙拉

② 以**西兰花、胡萝卜、洋葱**这些温性蔬菜为主料的沙拉

③ **金针菇、灰树花、平菇**等菌类的铁板烧

④ 用日式调味汁拌制的富含果胶的**秋葵**

**Q2** 如果你要做午餐盒饭，那么主菜之外的配菜你会选择哪一种？

① 小巧、可爱、色泽鲜艳的**迷你西红柿**

② 把**土豆**用微波炉加工后做成咸味土豆块

③ 用前一天做晚饭时剩下的包心菜做的**泡菜（发酵包心菜）**

④ 用鲣鱼干腌渍的**菠菜**

**Q3** 上司邀请你去寿司店，你会选择哪一种美肤寿司原料？

① 香甜而肉质较厚的**扇贝**

② 脂肪较多的**三文鱼**

③ 清爽可口柚子盐味的**墨鱼**

④ 新鲜的**牡蛎**

Q4 在超市的乳制品专柜前，你会把下面哪一种乳制品放入购物筐内？

① **牛奶**

② **卡门培尔干酪、农家鲜奶酪**等奶酪类

③ 可以代替早餐和用作沙拉调味汁的**纯酸奶**

④ 用来涂抹在面包上或做煎炒类菜肴时必备的**黄油**

Q5 最适合美容的豆类料理中，下面哪一种适合A型女性？

① 用**鹰嘴豆**做的咖喱

② 用**红小豆**做的日式年糕小豆汤

③ 用**白豆**做的西式浓汤

④ 用**大芸豆**做的芸豆浓汤

Q6 哎呀，超市已经关门了！如果不得不去24小时便利店买东西，A型血的你会选择什么？

① 买块**豆腐**，凉拌或者做豆腐汤

② 用**通心粉**做奶汁烤菜

③ 和面包也能搭配食用的**香肠、火腿肠**

④ 浇上白萝卜泥醋汁食用的**炸鸡块**

回答

| Q1 | Q2 | Q3 | Q4 | Q5 | Q6 |
| --- | --- | --- | --- | --- | --- |
|    |    |    |    |    |    |

答案

| Q1 | Q2 | Q3 | Q4 | Q5 | Q6 |
|----|----|----|----|----|----|
| 1  | 4  | 2  | 3  | 2  | 1  |

**A型人的美肤膳食应以蔬菜、鱼类、豆类为主。**
**A型人消化乳制品的能力相对较弱。**
**加工食品是A型人美肤的大敌！**

源自于农耕民族的A型人，最适合以谷物、蔬菜为主的饮食。

蔬菜方面最好摄入红色、橙色、黄色等颜色鲜艳的品种，因为植物色素中含有大量的抗氧化物质，能够延缓衰老；豆类食品也要多吃；鱼类能有效提高身体抗老化和抗发炎的能力。这些食品都能够帮助A型女性减少皱纹、改善血液循环，让肌肤焕发出迷人的光彩。

**Q1** ①不同的血型适合不同的食物。当出现胃胀、腹部胀气等症状时，说明摄入的食物不适合自身的体质。A型人不适合吃薯类，若长期食用，甚至有可能损害身体健康。

**Q2** ④ 西红柿中的番茄红素虽然可以美肤，但西红柿中的植物凝血素却会阻碍A型血的新陈代谢。西瓜、红柚中也含有丰富的番茄红素，与西红柿相比，这些水果更适合A型人。

**适合A型人的美体食物**

[鱼类]鳕鱼、鲐鱼、沙丁鱼、虹鳟
[蔬菜]西兰花、秋葵、洋葱、菠菜
[水果]蓝莓、柠檬、李子、洋杨梅
[其他]橄榄油、核桃、大豆、大酱、蒜、姜、姜黄、春黄菊、野玫瑰、绿茶

**A型人应尽量少吃的食物**

[鱼类]螃蟹、鳗鱼、鲱鱼、龙虾、紫贻贝、章鱼、牡蛎、虾、牙鲆鱼、墨鱼
[蔬菜]青椒、红薯、马铃薯、西红柿、卷心菜
[水果]香蕉、橙子、芒果、木瓜
[其他]除鸡肉以外的所有肉类,除酸奶以外的乳制品,红辣椒、红茶、碳酸饮料

适合A型的食物,请参看腰封的卡片和第116-118页。

**Q3** ② 沙丁鱼、鲐鱼、鲑鱼等冷水鱼或深海鱼中富含欧米伽-3,这种不饱和脂肪酸既对健康有益,又有美体的效果,是非常适合A型人食用的鱼。尤其是鲑鱼中所含的欧米伽-3脂肪酸具有非常好的抗老化功效。A型人至少要保证两天吃一次鱼!

**Q4** ③ 有的人喝了牛奶以后肚子是不是会咕噜咕噜叫?大部分人的小肠不能充分分解乳糖酶,因此不能很好地消化牛奶或其他乳制品。但经酵素分解完毕的发酵食品就另当别论了,比如酸奶等。

**Q5** ② 豆制品是非常适合A型人的食品之一。除了鹰嘴豆、白芸豆、紫芸豆以外,其他的豆类也非常适合A型美女。豆类中富含植物蛋白质,尤其对素食主义者而言,是非常重要的蛋白质来源。

**Q6** ① A型人最好避开香肠、火腿一类的加工食品。因为这类食

品中不仅含有大量A型人难以消化的动物性脂肪，而且部分加工食品的防腐剂中还含有致癌物质。奶汁烤菜之所以不适合A型血人是因为使用了A型人难以消化的牛奶。A型人虽然可以吃鸡肉或火鸡肉，但油炸过的食品中含有大量反式脂肪酸（参见第27页），所以像④一类的食物还是少摄入为妙。

艾丽卡的美体食谱

**洋葱浓汁煎鲑鱼**

● 配料

浓汁
- 橄榄油·酿造酱油……各2大匙
- 姜·蒜……各1小匙
- 洋葱……半个
- 彩椒粉……1/2小匙
- 黑胡椒……少许

鲑鱼……2片
橄榄油……2大匙

● 制作方法

1 将洋葱、姜擦成末儿，蒜切碎备用。
2 将浓汁配料混合搅拌后放入鲑鱼，常温腌制15分钟，或蒙上保鲜膜后放入冰箱冷藏室，放置2小时入味。
3 在平底锅中放入橄榄油，油热后放入腌制好的鱼，双面煎。
4 将煎好的鲑鱼装盘，把锅中的浓汁料点缀于鲑鱼旁，蘸食。

鲑鱼是难得的美体食材，其所含成分能有效提高人体抗氧化、抗炎症的能力。

关于欧米伽-3、欧米伽-6的说明请参看第27页。

# 适合A型血的美肤食品·零食

Q1 富含维生素C的水果中能使A型女性变美丽的是哪一种？

① **蓝莓、蔓越橘** 等莓类水果

② 充满热带气息的**芒果**

③ 被誉为"维生素C宝库"的**橙子**

⑤ 白皮、黄绿色瓤肉的**哈密瓜**

Q2 下列选项中，对A型美女来说没有太大功效的饮料是哪一种？

① 富含对身体有益的儿茶酸的**绿茶**

② 最近流行的**拿铁豆浆**

③ 在下午茶时间，喝点有利尿作用的**红茶**

④ 加入蜂蜜的**热柠檬茶**

Q3　酒是"百药之王"，可以偶尔喝的是哪一种？

① 首选**啤酒**

② 晚宴的时候喝点**红葡萄酒**

③ 适合日式料理的**白葡萄酒**

④ 用开水稀释后再加入梅干的**红薯酒**

Q4　下列选项中哪一种可以用来当酒肴？

① 非油炸薯片

② 用盐水煮的颜色鲜绿的毛豆

③ 适合与红酒搭配食用的橄榄（黑色）

④ 余味回长的开心果

Q5　午后甜点。如果想吃点甜食，可以吃点儿什么？

① 刚出炉的**蛋糕**，蘸点儿枫糖浆

② 略带点苦味的**纯度为70%的巧克力**

③ 虽然很在意热量是否超标，但还是忍不住选择刚炸好的**甜甜圈（油炸面包圈）**

④ 放在口中就会融化的咸味**鲜奶糖**

Q6 为了避免饿肚子，A型血的你会在包包里备点什么？

① 果冻型**功能性饮料**

② 市场上出售的标明热量的**营养补充食品：果什派或是饼干一类的食品**

③ 低热量的**含人工甜味剂的糖果**

④ **洋杨梅、核桃、无花果**等果脯＋果仁

回答

| Q1 | Q2 | Q3 | Q4 | Q5 | Q6 |
|----|----|----|----|----|----|
|    |    |    |    |    |    |

答案

| Q1 | Q2 | Q3 | Q4 | Q5 | Q6 |
|----|----|----|----|----|----|
| 1  | 3  | 2  | 2  | 2  | 4  |

**健康的零食可以稳定血糖值!**
**为避免长时间空腹,可以食用果脯或高纯度巧克力等。**

受内分泌的影响,女性大都喜欢甜食。有的人认为,甜食是女性的一大禁忌!但事实上,要做到这一点很难。像果仁和果脯类的搭配能够起到稳定血糖值的作用,建议A型人适量食用。另外,A型人可以多喝鲜榨果汁,因为维生素含量丰富的鲜榨果汁能够改善血液循环,让肌肤焕发出亮丽光彩。A型人要切记:垃圾食品只会加速血糖上升,绝对不要吃这些食物!

**Q1** ① 食物纤维和多酚含量丰富的莓类与A型血是完美的搭配。天然维生素C能增强骨胶原弹力、提高肌肤弹性。有研究表明,多摄入水果和蔬菜的人,其面部皱纹也会少很多。

**Q2** ③ 和红茶相比,咖啡更适合A型人。此外,A型人应该用豆浆代替牛奶、用蜂蜜代替白砂糖。对A型人来说,最好的饮料当数绿茶(抹茶当然更好)!喝绿茶还可以消耗热量,有助于减肥。

**Q3** ② 红葡萄酒是最适合A型血的酒类。饮用其他酒类时要适可而止。红葡萄酒和绿茶一样，含有丰富的多酚。购买红葡萄酒时，一定要仔细看看标签。高档的有机葡萄酒是最佳的选择。另外，最好选择不含防氧化剂亚硫酸盐（二氧化硫）的红葡萄酒。

**Q4** ② 市面上出售的饼干类食品以及非油炸小食品中都含人造黄油或起酥油。这些油脂中含有大量反式脂肪酸，它可以增加人体内坏胆固醇的含量，降低好胆固醇的含量，影响身体对必需脂肪酸欧米伽-3的吸收，加速细胞的老化，因此一定要远离这些食物！如前所述（参见第18页）豆类食品非常适合A型人。

果仁虽然不错，但橄榄（黑色）和开心果可不要吃得太多哟！

**Q5** ② 用精制小麦粉做的食物只能偶尔食用。油炸食品中含有大量反式脂肪酸。鲜奶糖的制作原料中有鲜奶油和白砂糖，不能吃得过多。纯度在70%以上的巧克力中所含的多酚能有效提高皮肤的保湿能力、防止紫外线对肌肤的伤害。有报告显示，巧克力中所含的类黄酮能改善血液循环。

**Q6** ④ 果脯具有自然天成的甜味，在购买时要选择不含防腐剂的。购买营养补充食品、含人工甜味剂的糖果、功能性饮料时，一定要仔细看看它们的成分。特别需要注意的是糖类，因为糖类会阻碍人体对维生素C的吸收，可谓是美容的大敌！

Ch.1 皮肤篇
Ch.2 身体篇
Ch.3 减肥篇
Ch.4 压力篇
Ch.5 体质虚寒篇
Ch.6 疾病篇
Ch.7 早晨篇
Ch.8 睡眠篇

## 艾丽卡的美体食谱

### 选用100%健康食材的干果球

● 配料

椰枣、杏仁粉、杏仁…各1/2杯

杏干、胡桃、美国薄壳山核桃、龙舌兰糖浆或蜂蜜…各1/3杯

香草精…少许（可按个人喜好）

点缀：
可可粉、熟芝麻、杏仁、燕麦粉

● 制作方法

1 将椰枣、杏干放入食品粉碎机中粉碎或切碎备用。

2 加入龙舌兰糖浆或蜂蜜，同时加入粉碎后的果仁和杏仁粉、香草精。

3 将手浸湿后，把步骤2中的材料捏成团。按照个人喜好撒上可可粉、熟芝麻、杏仁、燕麦粉即可。

撒上适合A型血人吃的可可粉、燕麦粉后用保鲜膜包好，可以装入包包中随身携带。

# 小常识1　能让你变美丽的油脂和让美丽大打折扣的油脂

**跟着艾丽卡来认识欧米伽-3、欧米伽-6、欧米伽-9和反式脂肪酸对人体的利弊吧！**

　　油脂可以分为动物性脂肪、植物性脂肪两大类。肉类、猪油和黄油等油脂中含有动物性脂肪。如果人体血液中的脂肪含量过高就会导致动脉硬化，因此要严格控制摄入量。植物性脂肪和鱼类脂肪中富含"欧米伽-3"、"欧米伽-6"、"欧米伽-9"这些不饱和脂肪酸。

　　其中，对美丽和健康最为有益、应该积极摄取的是欧米伽-3和欧米伽-9。

　　欧米伽-3是人体的"必需脂肪酸"，在抗老化方面功效显著。但是日常生活中人们往往容易忽视欧米伽-3的摄入，所以要有意识地增加摄入量。

　　欧米伽-9可以有效降低胆固醇，无论对肌肤还是身体来说都是绝佳的油脂！

　　欧米伽-6虽然也是人体的"必需脂肪酸"，但由于色拉油等植物性油脂中几乎都含有欧米伽-6，往往摄入过量，因此应该注意减量。

此外，几乎所有的植物性油脂，在加热时都会产生反式脂肪酸——导致细胞老化的元凶。植物性油脂本身无害，只是在加热后才会产生对身体有害的物质。还有一点需要注意的是，植物性油脂一旦接触空气就会很快氧化，这样的油脂进入人体内会继续发生氧化，对人体细胞产生刺激。虽然偶尔食用问题不大，但如果过量摄入，不仅会加速衰老、引发疾病，而且会导致血液循环不良，使皮肤油脂分泌异常、出现粉刺等。毋庸置疑，摄入这种有害的油脂会给美丽的肌肤造成极大的危害！

如右页表中所示，加工食品中含有大量反式脂肪酸。人们往往误认为低热量的人造黄油比黄油更好，这实在是大错特错！过量摄入人造黄油，不仅会增加心脏病的患病几率，而且由于人造黄油中含有微量的镍和铝，对人体也会产生危害。相比之下，食用低盐的黄油对人体的危害要小一些。

从今天起，我们开始少吃一些24小时便利店的食品、外卖食品、加工食品和油炸食品吧！

**适量补充欧米伽-3脂肪酸、欧米伽-9脂肪酸,减少欧米伽-6脂肪酸、反式脂肪酸的摄入**

### 欧米伽-3 要多补充这种绝佳的油脂。

欧米伽-3是一种必需脂肪酸,应该尽量多摄取,这种脂肪酸以EPA、DHA、α-亚麻酸为代表。

[主要食材]
- 鲑鱼、金枪鱼、鲐鱼、沙丁鱼、秋刀鱼等
- 亚麻子油(参见第123页)
- 豆制品

### 欧米伽-6减少摄入

尽管是必需脂肪酸,但由于现代人摄入过量,因此应该适当减少摄入。这种脂肪酸以亚油酸为代表。

[主要食材]
- 植物油(葵花子油、红花油、大豆油、玉米油、棉子油、色拉油和市场上出售的众多色拉调和油)

### 欧米伽-9 优质生活的保证

虽然并非必需,但还是建议大家适量摄取。

[主要食材]
- 橄榄油
- 油梨
- 杏仁

### 反式脂肪酸一定要减少摄入!

必须减少的脂肪酸。

[主要食材]
- 人造黄油
- 酥油、油炸食品、零食类(薯片、饼干、玉米花)、间食类(甜甜圈、小面包、英式小松饼、各种派)
- 营养补充派
- 快餐(汉堡、炸薯条、炸鸡块等)

## 艾丽卡的美体食谱

### 抗衰老调味汁和美体沙拉

● 配料（调味汁）

亚麻子油…2/3杯

柠檬汁…1/4杯

芥末粉…1小匙

蒜…1瓣

罗勒、莳萝、香芹等香草…适量

黑胡椒…适量

● 制作方法

1 将配料搅拌均匀。

2 将适量的菠菜、生菜、芝麻菜（箭生菜）、胡萝卜、白萝卜、油梨切好后加入水煮大豆，再加入2大匙初榨橄榄油和1/2大匙柠檬汁，拌匀。

3 食用前点缀上香草叶和花生仁，浇上调味料即可。

# 专题1 比化妆品还有效的食物

色斑、皱纹、粉刺是女性常见的三大肌肤问题，导致这三大肌肤问题的原因是什么？我们又该如何解决？

### 色斑

色斑是皮肤由于紫外线照射而产生的黑色素沉积。食用抗氧化食品是防止色素沉积行之有效的方法之一，比如植物营养素（参见第50页）。植物中的色素、香辛气味中都含有植物营养素，例如红柚中的番茄红素、绿茶中的茶多酚、黄绿色蔬菜中的β-胡萝卜素等。所以，我们应该大量食用各种蔬菜。鱼中所含的欧米伽-3具有消炎的作用。过量摄入白砂糖或精加工食品，会导致色素沉积、产生皱纹，因此还要控制白砂糖和精加工食品的摄入量。

### 皱纹

皱纹的产生是由于必需脂肪酸摄入不够、雌性激素分泌减少、白砂糖和精制面粉中的反式脂肪酸摄入过量造成的。补充异黄酮能够使肌肤变得细嫩光滑，特别是大豆异黄酮。有效防止皱纹产生的方法之一就是食用豆类食品。必需脂肪酸摄入过少会加速皮肤老化，因此要多吃一些鱼和橄榄油。而香烟，能够在人体内产生多达4000种有害化学物质，加速衰老，毫无疑问，香烟是美容的大敌！另外，香烟还会增加血液中的活性氧，而活性氧是皱纹产生的根源所在。

### 粉 刺

过量摄取白砂糖、精加工的高GI食品（参见第59页）和牛奶等乳制品，不仅会产生皱纹，而且会导致体内出现炎症，皮肤产生粉刺。有人说"食用果仁或者巧克力会产生粉刺"，这种说法并不准确。其实都是这类食品中所添加的油脂和砂糖引起的。要减少体内炎症的发生，可以多食用金枪鱼、沙丁鱼、鲐鱼、鲑鱼等具有抗炎症作用的鱼肉。

Chapter

# 身体篇

## 让肌肤充满弹性的
## 饮食方法和运动方式

要让肌肤充满弹性,就要补充优质蛋白。

这一章将教你如何有效摄取蛋白质、

适合A型人的运动方式和塑造优美身材的秘籍。

# 适合A型血的美肤食物·蛋白质

**Q1** 肚子饿得咕咕叫……决定"今晚一定要大吃一顿肉"时，A型血的你会选择什么肉？

① 用盐腌制的味道清淡的**烤鸡肉串**

② **牛舌、肝、牛大肠**等动物内脏的烧烤

③ 能去掉油脂的**涮肥牛**

④ 和大量蔬菜搭配食用的**冷涮猪肉**

**Q2** 公司食堂的午餐种类繁多，当你犹豫不决时，你会选择哪种食物？

① **汉堡牛肉饼、绿色蔬菜沙拉、玉米汁**一类的西餐

② **烤鱼、凉拌豆腐、煮南瓜**一类的家庭料理

③ **姜汁烧猪肉、卷心菜、豆腐酱汤**一类的乡土料理

④ **炸土豆饼、炸虾、炸牡蛎**一类的油炸拼盘

**Q3** 跟大家一起聚餐时，你会选择哪样菜品？

① 中餐的代表菜品——爽滑且有弹性的**干烧虾仁**

② 非常下饭的**青椒牛肉丝**

③ 传统的**宫保鸡丁**

④ 让人食欲大增的**浇汁鱼**

Q4 到了想吃火锅的季节，A型美女们会吃什么样的火锅？

① 清淡火锅：**沙丁鱼丸、鸡肉、菠菜、魔芋丝**

② 传统日式火锅：**牛肉、烧豆腐、大葱、茼蒿**

③ 成吉思汗火锅：**羊肉、绿豆芽、胡萝卜、韭菜**

④ 韩式火锅：**猪肉、香菇、白菜、韭菜**

Q5 没有太多吃饭时间时，A型血的你会推荐哪一种面或快餐？

① 用黑麦面包做的**鲑鱼三明治和拿铁豆浆**

② 蛤蜊和**西红柿酱汁意大利面**

③ **酸甜汁的鸭肉荞麦面配上糙米饭团**

④ 劲道爽滑的**咖喱乌冬面**

Q6 在吃不常见的肉类时，A型血的你会选择哪一种？

① 低热量高蛋白质的马肉刺身，也叫**樱花肉**

② 圣诞节时不可缺少的**烤火鸡**

③ 法国餐馆常会看到的野禽类，比如**焖野兔**

④ 脂肪含量少、清淡爽口的**嫩煎鹿肉**

回答

| Q1 | Q2 | Q3 | Q4 | Q5 | Q6 |
| --- | --- | --- | --- | --- | --- |
|  |  |  |  |  |  |

答案

| Q1 | Q2 | Q3 | Q4 | Q5 | Q6 |
|---|---|---|---|---|---|
| 1 | 2 | 4 | 1 | 1 | 2 |

要塑造美丽身材，蛋白质不可或缺！
A型人应该主要从鱼类和豆类中摄取蛋白质。
当你实在抵挡不住肉的诱惑时，可以吃一些鸡肉。

B型人和O型人的肠内有一种叫碱性磷酸酶（ALP）的酵素，能够帮助分解肉类。而A型人的肠内缺少这种酵素，属于不适合吃肉的血型。

肉类并不是蛋白质唯一的来源，鱼类和豆类中也含有蛋白质。A型人要注意从种类丰富的食物中摄取蛋白质。

**Q1** ①A型人最好从鱼类中摄取蛋白质，但特别想吃肉的时候也可以吃点儿鸡肉，尤其是烤鸡肉串。因为鸡肉在烤制过程中可以去掉多余的油脂。

**Q2** ② 猪肉和油炸食品只能偶尔吃一吃。当然，这并不是说A型人只能吃蔬菜。因为完全从蔬菜中摄取必需的营养是远远不够的。比如，大豆对人体有益，但大豆中的蛋白质含量是有限的。所以，除了蔬菜外，还可以少量吃些鸡蛋、鸡肉等。

**Q3** ④ A型人最适合以鱼和蔬菜为主的饮食。不过，A型人不太适合吃贝类或壳类海鲜。虾、螃蟹、墨鱼、章鱼等还是不吃为妙。青椒、腰果也要少吃，当然，如果这些食物仅仅是盘子里的一些点缀，吃一点也未尝不可。

**Q4** ① 所有的肉类（牛肉、羊肉、猪肉）都应该适量摄取。辣椒、胡椒这类香辛料会对A型人的肠胃产生强烈刺激，所以不推荐吃韩式火锅。有些香辛料则可以适量摄取，比如姜黄，非常适合A型人。如果不想吃清淡的火锅，可以选择咖喱火锅。

**Q5** ① 蛤蜊这一类的贝类海鲜以及西红柿等都不适合A型人。

如果想吃面，建议吃以酱油、"蒜+橄榄油"、"罗勒酱+松子仁+橄榄油"等为主要调味汁的意大利面。

荞麦面和糙米适合A型人，鸭肉则要尽量少吃。

咖喱乌冬面使用的原料是精制面粉，不建议食用。而且，A型人很难从中摄取必需的蛋白质，所以还是选择其他食物吧！

如果进餐时能一次摄入足够的碳水化合物、蛋白质、优质油脂，那当然是最理想不过的了。

100%的黑麦面包、鲑鱼、豆浆是最适合A型人的食物。

**Q6** ② 之所以向大家推荐吃火鸡，是因为火鸡肉属于低脂肪低胆固醇的肉类。鸽子肉、鸵鸟肉也属于这类肉，同样适合A型人。

①③④中的马肉、兔肉、鹿肉只能偶尔品尝。

　　A型人要记住,蛋白质不仅仅来自于肉类,鱼、大豆、蔬菜中都含有丰富的蛋白质,这些食物一定要均衡摄取。

## 艾丽卡的美体食谱

### 烧豆腐

● 配料

调味汁
- 橄榄油、酱油…各2大匙
- 姜、蒜…各1块
- 洋葱…半个
- 彩椒粉…1/2小匙
- 黑胡椒…少许

豆腐…一块
橄榄油…2大匙

● 制作方法

1 豆腐用吸油纸包好,放入冰箱冷藏2个小时,去掉多余的水分。

2 洋葱、姜擦成末儿,蒜切碎,然后与调味汁混合搅拌均匀,放入豆腐,再放入冰箱冷藏室腌制15～30分钟。

3 平锅中放入橄榄油,放入腌制好的豆腐双面煎。按个人喜好可以撒上适量熟芝麻食用。

# 适合A型血的锻炼方法·运动

**Q1** 想找到一项能够长期坚持的运动项目,其中适合A型人的是哪一种?

① 在速度较快的**跑步机**上跑40分钟以上

② 面向墙壁,持续击打**壁球**

③ 做一做动作舒缓、能够使心情平静的**瑜伽**

④ 在墙壁、岩壁上完成的**攀岩**

**Q2** <u>不适合A型人</u>的运动项目是哪一种?

① 能够按照自己的速度进行,没有任何限制的**跑步**运动

② **游泳**或是**水中慢走**

③ 能够使身心平静的**气功或太极拳**

④ 剧烈运动后做一做让人神清气爽的**韵律操或健美运动**

**Q3** 运动后最好不要做什么?

① **午睡或短时间睡眠**,让身体恢复良好的状态

② 洗个**桑拿浴**,让身体再出些汗

③ 做个**精油按摩**，让身体更加放松

④ 洗个**温水澡**或在健身俱乐部的**按摩浴缸**里好好享受一下

## Q4　锻炼或运动之后，最想喝的饮料是什么？

① 在居酒屋喝一杯**冰镇扎啤**

② 在24小时便利店或自动售货机上买一瓶**运动饮料**

③ 100%的鲜榨**橙汁**

④ 在矿泉水中加入鲜榨柠檬的**柠檬水**

## Q5　不适合锻炼或运动的时间是什么时候？

① 利用工作的休息时间——**午休**

② 上班之前，清爽宜人的**早晨**

③ 身心都能得到放松的**休息日的下午**

④ 晚上**睡前一两个小时**

## Q6　"散步"这一运动受到大多数人的喜爱，A型人适合到什么样的场所散步？

① 室内的**跑步机**

② 回家路上途经的**商业区**

③ 能够听到孩子们玩耍时的笑声，并且比较**开阔的公园**

④ 可以顺便逛逛街的**百货商店**

回答

| Q1 | Q2 | Q3 | Q4 | Q5 | Q6 |
| --- | --- | --- | --- | --- | --- |
|    |    |    |    |    |    |
|    |    |    |    |    |    |

答案

| Q1 | Q2 | Q3 | Q4 | Q5 | Q6 |
|----|----|----|----|----|----|
| 3  | 4  | 2  | 4  | 4  | 3  |

A型血属于容易产生压力的血型。
进行锻炼或运动时要学会自我娱乐！
A型血不适合剧烈运动！

A型人选择运动项目时，关键要看能否让自己得到彻底的放松，以此为前提来选择能够长期坚持下去的运动项目。

体力消耗过大会让A型人身心感到疲惫，因此不要选择剧烈的运动，而最好选择一些动作比较舒缓的有氧运动。由于A型人的性格非常认真，在锻炼时容易产生"不做可不行！""不坚持可不行！"的想法，强迫自己继续做下去。结果运动过量，反而给身心带来压力。所以A型人要切记：根据自己的身体情况进行适当的锻炼。

**Q1** ③ A型血是四种血型中最容易产生精神压力的一种血型。运动强度过大会使身心处于高度紧张状态，所以不建议做强度过大的运动。可以根据自己的实际情况选择一些舒缓的运动，比如散步、瑜伽、游泳、剑术，以及气功和太极拳等。肚皮舞和夏威夷舞等动作比较舒缓的舞蹈也很适合A型人。

**Q2** ④ 像④这样的剧烈运动容易带来精神压力或使身体疲劳，不适合A型人。A型人应该学会享受运动的过程，而不要太注重结果。和网球、乒乓球等竞技性的运动项目相比，潜水、日本舞和芭蕾舞以及最近非常受关注的"走跑运动"（跑2～3分钟后走2～3分钟，如此循环交替的运动）更适合A型人。

**Q3** ② 锻炼或运动之后，要注意让身心慢慢地平静下来。桑拿浴会消耗体能。建议A型人运动后选择闭目养神、按摩、冥想，或是仰卧在床上做深呼吸来放松身体。

**Q4** ④ 出汗以后一定要注意补充足够的水分。市场上出售的功能性运动饮料和含有酒精的饮品都含有大量人工甜味剂，这些饮料不适合A型人，建议饮用对健康有益的柠檬水（水果中柠檬比橙子更适合A型人，参见第18页）。

**Q5** ③ 晚上是让身心放松的时间。如果受生活方式的限制，只能在晚上进行锻炼，建议尽量在睡前2小时结束锻炼。

**Q6** ③ A型人常常提醒自己"每天都要坚持运动"，即使是工作繁忙也会强迫自己去锻炼。

在商业区等人多的地方"漫步"，反而会让压力倍增。如果在绿树成荫的公园里散步，效果要远远好于室内！

## 艾丽卡的美体食谱

### 健康的运动饮品

● 配料（500毫升）
矿泉水或蒸馏水…500毫升
天然海盐…1/8～1/4小匙
柠檬或青柠檬…1/4个
蜂蜜…1/2小匙

● 制作方法
1 在水中加入天然海盐后挤入柠檬汁或青柠檬汁，再加入蜂蜜搅匀。
2 按个人喜好，可以加入少量的无糖苹果汁或蔓越橘汁。

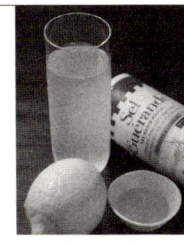

天然海盐比岩盐和食盐更容易渗透吸收。

## 小常识2　艾丽卡的澳式自然美容护肤法

**厨房里的食物不仅安全，还能让你变美丽。**

清洁肌肤的护肤品和入口的食物一样，以天然、安全为最佳。在这里我会向大家介绍一些使用天然材料的美肤方法。

**燕麦磨砂膏　呵护肌肤，去除角质。**

在粉末状燕麦（1大匙）中加入杏仁油（1小匙）后，涂抹在湿润过的面部，然后轻轻按摩。这是去除老化角质的最佳方法。除此之外，还可以把小苏打调成糊状用来去角质。需要注意的是，使用两种方法都要避开眼部皮肤，而且要在清洁面部后进行，大约敷5分钟后用清水洗净，最好是一周去一次角质。把燕麦和成糊状敷在脸上也可以去角质。

**木瓜面膜　用抗氧化物质去除老化角质，让肌肤焕发出迷人的光彩！**

将木瓜捣成软硬适度的木瓜泥（2大匙）后加入天然蜂蜜（1大匙），搅拌均匀后敷在清洁后的面部15分钟，然后用温水洗净脸部。木瓜所含的天然抗氧化物质能够去除肌肤多余的角质，提亮肤色。

**油梨发膜　头发会变得非常油亮。**

　　将油梨（1/2个）果肉捣成泥后加入纯酸奶（1人匙）、橄榄油（1小匙），搅拌均匀做成发膜。洗发后将其均匀地涂抹在头发上约10分钟后洗掉。油梨中含有丰富的维生素E和优质油脂，能让你的秀发变得光泽亮丽。

**牛奶浴　能滋润肌肤，保湿效果非常好。**

　　据说埃及艳后也喜欢泡牛奶浴。将牛奶（1～2杯）倒入浴缸即可。牛奶中所含的乳脂能充分滋润你美丽的肌肤。

**蜂蜜唇膜　感觉自己的嘴唇干裂缺乏水分时使用，效果绝佳。**

　　强烈推荐使用新西兰特有的抗菌效果好的麦卢卡花蜜。首先用软毛牙刷按摩嘴唇。然后将麦卢卡花蜜涂在嘴唇上，再在上面贴上保鲜膜约5～10分钟。第二天你的唇色将会变得别样动人。

**用红茶袋做一个清凉眼膜　能够有效改善眼部浮肿和黑眼圈**

　　建议在长时间使用电脑后感觉眼部疲劳或睡眠不足时使用。把喝过的袋装红茶（2包）放入冰箱内镇凉后，敷在双眼上约5~10分钟即可。方法出人意料的简单吧！红茶中的茶多酚有非常好的紧缩效果，并且所含的咖啡因还能够有效排除多余水分。

## 黄瓜眼膜　眼部浮肿或出现黑眼圈时

把冰镇过的黄瓜切成薄片，直接敷在眼部约5分钟。黄瓜中所含的水分不仅能带给你清凉的感觉，而且还能够收缩眼睑皮肤。

## 油脂润肤　　让干燥肌肤变得滋润且有光泽

建议皮肤干燥的人使用天然植物油来滋润肌肤。众所周知，著名女影星索菲亚·罗兰经常使用橄榄油来滋润肌肤。我们日常生活中食用的油比用来制造化妆品的矿物油要安全得多。食用油中我强烈推荐椰油和杏仁油，还有最近流行的摩洛哥油。一般情况下，大多数人都是在沐浴后将油涂抹到身上。建议你不妨试一试在沐浴前用油涂抹全身，这样可以防止热水带走皮肤中的油脂，对肌肤起到保护作用。

美国的iHerb购物网（www.iherb.com/）出售的护肤商品种类丰富，有时间的时候可以"光顾"一下。值得推荐的产品有伊索（Aesop）、茱莉蔻（Jurlique）、艾凡达（Aveda）等。当然无论选择哪一种产品,都一定要确认其中是否含有防腐剂。因为防腐剂会影响女性的内分泌,在选择面部化妆品的时候一定要注意这一点。上述产品与椰油、杏仁油等搭配使用,效果将非同凡响。

### 干刷皮肤 有效改善肌肤纹理和血液循环

用干刷从四肢向心脏方向刷皮肤,能够起到非常好的排毒效果。刷的时候,想象自己在把那些坏死的细胞——驱逐到淋巴结(膝盖后面、腹股沟、腋下)的位置。干刷的力度以可以忍受并感觉比较舒服为宜。干刷能使毛孔通畅、增强毛细血管的排泄功能,所以身体慢慢会有由内至外发热的感觉。刷毛最好选用天然植物毛。干刷后千万别忘了喝一杯白开水。

左图是鸸鹋油,是从澳洲特有的鸸鹋的背部脂肪提取的油,可以像马油一样使用。右图中右边是杏仁油,左边是芦荟护肤水,最前面的就是艾丽卡爱用的干刷。

# 专题2 植物营养素，美肤必不可少的营养素

**植物营养素能够让肌肤变美丽、身材更美妙！**

大家都知道在日常饮食生活中大量摄取蔬菜和水果对健康非常有益，果蔬中丰富的维生素和矿物质能够让女性变得更美。最近果蔬中的植物营养素（简称PHYTO）受到了越来越多的关注。

墨绿海、胡萝卜、枸杞子（上图）中含有的β-胡萝卜素，绿茶、大豆、可可豆薄片（下图）中含有的多酚都是植物营养素。现阶段，植物营养素虽然未被认定是人体的必需营养素，但在不远的将来人们将会认识到它的重要性，它将是我们日常饮食中必须摄取的重要物质。植物营养素可以说是植物的自我防御装备，多摄取植物营养素会给我们人体提供保护。几乎所有的植物营养素都有抗氧化作用，不仅有益于健康，而且其美容的功效也不容忽视。绿色、红色、橙色、黄色……蔬菜的颜色越鲜艳，其含有的具有延缓衰老的抗氧化物质和植物营养素就越多。有研究表明，长期大量食用菠菜和蓝莓一类颜色鲜艳的黄绿色果蔬的人，其血液中的抗氧化能力会提高10%～25%。所以多吃些色彩鲜艳的果蔬吧，会有意想不到的美容效果。

Chapter

## 减肥篇

### 健康减肥行之有效
### 的饮食方法

"想瘦身!" "想拥有富有弹性的美丽肌肤!"

如果不采用适合A型人的瘦身美体方法,就很难达到预期的效果。

这一章,艾丽卡除了要向大家介绍适合A型血的食材以外,

还会教大家怎样食用以及食用方法等。

Q1 跟好久没有见面的A型血朋友一起吃饭,你会向她推荐哪一类菜?

① 美味的炉烤比萨、里面有很多西红柿的**意大利菜**

② 以蔬菜为主,量少但种类繁多、味道清淡的**京都高级套餐**

③ 胡椒、辣椒等香辛料较多,具有发汗作用的辛辣的**四川菜**

④ 就连盘中剩下的汁也想用面包蘸了吃的味道浓厚的**法国菜**

Q2 一天的饭量如果是固定的,最理想的是一天吃几顿饭?

① 一日两餐(早、午)

② 一日三餐(早、午、晚)

③ 一日四餐(早、午、零食、晚)

④ 一日五餐(早、零食、午、零食、晚)

Q3 现在流行通过节食来减肥,下面哪一种不适合A型女性?

① 低胰岛素的**低GI瘦身法**

② 记录式瘦身法

③ 饭前一个苹果这样的简易瘦身法

④ 早上起床后**只吃香蕉**的瘦身法

## Q4 如果要食用大米以外的主食，应该控制哪一种的摄入量？

① 使用100%的荞麦粉制作的**荞麦面**

② 看起来很诱人，表面不太光滑的褐色**全麦面包**

③ 即使是对小麦粉过敏的人也可以放心食用的**大米粉面包**

④ 与嫩煎鱼、肉完美组合的**土豆泥**

## Q5 什么样的人减肥容易失败？

① **完美主义者**，制订计划后一旦碰壁立刻受挫放弃的人

② 总是说**从明天开始**减肥的人

③ 短期内达到效果但会**反弹**的人

⑤ 买来减肥书或减肥食品后就**觉得减肥已经结束了**的人

## Q6 都说"饭后甜点不占肚子"。如果只能任选一种，A型美女会选择哪一种？

① 味道香醇可口的**纽约奶酪蛋糕**

② 蛋挞一类的**派**

③ 奶香浓郁的**布丁**

④ 水果**冰点**

回答

| Q1 | Q2 | Q3 | Q4 | Q5 | Q6 |
|---|---|---|---|---|---|
|  |  |  |  |  |  |

答案

| Q1 | Q2 | Q3 | Q4 | Q5 | Q6 |
|---|---|---|---|---|---|
| 2 | 4 | 2 | 4 | 1 | 4 |

**减肥不等于"不吃",而是要学会"聪明地吃"。**
**蛋白质、碳水化合物、油脂等要均衡摄取!**

对A型人来说,保持血糖值平衡很重要。为避免出现饥饿状态,建议在正餐以外多吃几次零食。只要进餐方式与自身血型相符,那么其消化系统的功能、新陈代谢的速度、营养吸收的能力就会有所提高,这样无论是过胖还是过瘦的人也都能实现自己的美体愿望。

**Q1** ② 对A型人来说,京都高级套餐无疑是最佳选择。京都料理素食较多,可以吃到大量的蔬菜。京都菜和传统的日本料理非常适合A型人。当然,长寿饮食法和素食也值得推荐。A型血的你从今天起慢慢地改变自己的饮食习惯吧!

**Q2** ④ A型人体内的血糖系统非常敏感,要注意保持血糖值的稳定。空腹状态下吃东西容易使血糖迅速升高。即使你没有时间吃饭,无论多忙也别忘了吃点零食,哪怕吃点无盐杏仁也好。需要注意的是,"零食"并不是不停地吃,而是有一定间隔地吃。

**Q3** ④ 摄入碳水化合物不会使血糖指数快速增加,这类食品属于

"低GI食品"。低GI食品的特点之一是耐饿。选项①不会导致血糖值有太大变化，是非常适合A型血人的减肥方法。选项②也很适合做事认真的A型血人。选项③饭前一个苹果的减肥法也不错。但是，每餐只吃一种食物、不摄取碳水化合物的减肥方法不适合A型人。

**Q4** ④ 前一章中讲过，要想成为美女，蛋白质的摄入不可或缺。蛋白质参与肌肉的构成，碳水化合物则为肌肉提供能量。A型人消化谷物的能力比较强，因此全麦、大米粉、糙米都是不错的选择。还有，用燕麦、糯米、大米粉做的面包也很适合A型人食用。

**Q5** ① A型人是完美主义者。所以即使一开始制定了详细周密的计划，如果减肥期间体重有所增加，A型人很容易受挫就此放弃。不要寄希望自己能够100%地实施瘦身饮食法，事实上，只要能做到80%就可以了，剩下的20%就留给自己作为休息的时间吧！喜欢吃的东西可以少吃一点，不要"因为对身体不好"，就强迫自己"必须放弃！""不能再吃了！"因为时间一长就会产生逆反心理，结果吃得更多，得不偿失。

**Q6** ④ 如果你想吃奶酪蛋糕，那就想一想我说过的话："动物性脂肪摄入过量会影响血液循环并会使皮肤变得粗糙。"

现代人经常过量摄入没有营养而且高热量的食物。用蛋糕代替米饭，会导致血糖值迅速升高，对美容、健康毫无益处。

非常想吃蛋糕时，可以在饭后少量地吃一些。不含牛奶、奶酪、鲜奶油等乳制品，并且加入了新鲜水果的水果刨冰等食物，A型人可以放心食用。

## 艾丽卡的美体食谱

### 酱油烤杏仁

● 配料&制作方法

将生杏仁（2杯）放入密封容器内，加入酱油（3大匙）后放置30分钟或半天。把用酱油腌渍过的杏仁放入烤箱中，温度设定在175度，双面各烤15分钟。用这种方法烤出来的杏仁香脆可口。

### 果脯+坚果

● 配料&制作方法

制作方法极其简单。无花果的果脯对半切开后夹上核桃仁，或者在椰枣中塞上杏仁。果脯最好选择不含添加剂和防腐剂的。

## 小常识3　血糖与美丽、衰老的关系

**你是不是觉得"关心血糖值是易肥胖的中年人的事，与自己无关？"**
**事实上，想要美丽和延缓衰老的话，血糖值也是不容忽视的哦！**

　　血糖值，是指血液中葡萄糖（即血糖）的浓度。人体中的血糖，就好比汽车的汽油。如果体内血糖过少，就会导致昏厥，严重者甚至导致死亡。可见，血糖对人体来说非常重要。

　　正常情况下，人体会分泌一种叫胰岛素的激素，使血糖保持在一定范围内。比如，血糖上升时，体内就会分泌胰岛素来降低它。但是当血糖迅速上升时，身体会大量分泌胰岛素，如果胰岛素分泌过量，则会导致低血糖，使人感到疲倦、头晕目眩，又需要补充高血糖食物，这样一来，就会陷入恶性循环。胰岛素分泌过量会堵塞毛孔，是产生粉刺的原因之一。最近的研究表明，百岁以上的老人中，多数人血糖稳定、胰岛素水平较低。从抗衰老的角度来说，保持血糖稳定也非常重要。

　　所以，为了美丽和健康，我们应选择不会刺激血糖上升的食品。在选择食物时可以参考GI值。GI值是什么？是指吃下某样食物后，血糖浓度上升的速度。设定100为食用食物后的血糖浓度上升率，GI值就是以此为基准，互相比较算出来的。一般来说，GI值在70以上的，视为高GI食品。膨化食品、饼干、蛋糕都是众所皆知的高GI值食品，年糕、面包、非油炸薯片、玉米片等也是高GI食品。

GI值与食物中的油脂量无关，在瘦身时即使不摄入油脂，但只要吃了高GI食品同样也会引起胰岛素分泌过量，从而导致肥胖。空腹时食用高GI食品会使血糖值迅速上升，引起胰岛素分泌过量。所以要尽量食用低GI食品，控制血糖，避免血糖的急速上升。

尽量食用低GI食品！
特别想吃高GI食品时怎么办？
现在艾丽卡告诉你一个好办法！

想要美容、延缓衰老，就要选择低GI食品。GI值在55以下的视为低GI食品。糙米、荞麦、大豆、菠菜、西兰花、花生、可可等是适合A型人的低GI食物。这些食物能够缓慢补充体内所需的能量，不容易出现空腹感，瘦身效果也不错。

特别想吃高GI食品时怎么办？可以在高GI食品中加一些鲜柠檬汁，或者加入普通食醋或西洋醋也可以。这些方法能够减缓胃肠的消化速度，使GI值下降，最高可下降30%。别忘了，撒上小半匙桂皮粉也能够降低血糖、促进血糖代谢。吃蛋糕的时候如果能配上

5～6粒杏仁，也可以降低GI值。

你知道导致血糖急速上升的罪魁祸首是"谁"吗？是葡萄糖（GI值100）和精制小麦粉（GI值98）！糖类会使血糖像过山车一样迅速上升，而且还会影响胶原蛋白的含量，导致皮肤松弛下垂，产生皱纹和色斑。

还要告诉大家的是，低GI食品中也有对健康无益的。像薯片、鸡块等虽然是低GI食品，但却含有大量反式脂肪酸。还有，虽然牛奶属于低GI食品，但是饮用牛奶和食用高GI值的精制面粉制作的面包一样，也会导致胰岛素过量分泌。

总之，为了美容，无论GI值高还是低，我们都应该少吃或不吃加工食品和牛奶。

# 专题3 如何明智地判断食品成分

仔细查看食品包装上的成分表，尽量选择有益身体健康的食品。

### 千万不要过分相信营养补充食品

工作繁忙没有时间用餐时，有些人常常会吃一些营养补充食品充饥。殊不知，即使是营养补充食品，也绝对不能完全替代优质的正餐。

比如，同是以"大豆"为原料的食品，有的是将大豆捣碎后直接加入食品中的，有的是经过精制加工的，这些精加工食品就会流失一部分营养。采用不同制作方法生产出来的食品，其所含营养成分也大不相同。如果外包装上写着"脱脂大豆"，那就表明是榨取了大豆的营养成分后剩下的残渣。如果是以"完整大豆"为原料制作的食品，那自然是最理想的了！

"砂糖"也是一样。如果成分表上有"葡萄糖、淀粉、纤维素"等等字样，就说明是经过精制加工后生产的糖。这种精加工的砂糖是美容的大敌。

不仅是营养补充食品，购买加工食品时也要仔细确认包装上的标示，尽可能选择以天然材料为原料的，不添加糖类、油脂和添加剂的食品。

## 成分标示示例

●名称／果子·营养调和食品　●原料名称／小麦粉、大豆粉（非转基因）、砂糖、精炼油脂、鸡蛋、脱脂奶粉、纤维素、橙皮（柠檬酸、亚硫酸盐、葡萄糖）、食盐、香料、凝固剂、膨化剂、乳化剂

"精炼油脂"中有可能含有反式脂肪酸（参见第27页）。"亚硫酸盐"即漂白剂，已被指出是一种会使基因发生变异的添加剂。为了美丽和健康，请远离脱脂大豆和砂糖（纤维素、葡萄糖）等食品原料吧！

Chapter

# 压力篇

## A型美女该如何面对每天的压力和疲劳？

现代生活会带给我们各种各样的压力，

要想让自己的生活更完美，

我们就要学会有效地缓解压力。

本章将向A型人介绍缓解精神压力的饮食方法、

保健品和生活方式。

Q1 疲劳时想去外面用餐放松一下，下面哪一种比较适合A型人？

① **油梨**搭配金枪鱼或鲑鱼的芥末蛋黄沙拉

② 非常耐饿的**烤肉**

③ 配上大份卷心菜丝的**炸猪排**

④ 既营养又滋补的**鳖锅**或汤

Q2 当身心感到疲惫时，什么食材能够补充能量？

① 有显著瘦身功效的含有丰富辣椒碱的**红辣椒**

② 不仅能预防夏季中暑，而且一吃就会感觉浑身有劲的**鳗鱼**

③ 西式糕点中的**鲜奶油**

④ 无论是意大利面还是法式浓汤中都不可缺少的**大蒜**

Q3 哪种瑜伽最适合A型人缓解压力？

① 广受明星喜爱的、动作幅度较大的**力量瑜伽**

② 使用一些道具的如**塑绳瑜伽**

③ 动作舒缓、重视保持呼吸匀畅的**脉动瑜伽**

④ 像蒸桑拿浴一样在高温环境中大量排汗的**高温瑜伽**

## Q4 压力过大时,哪一种营养保健品不适合A型人?

① 水果或黄绿色蔬菜中富含的**维生素C**

② 能有效预防健忘的**银杏叶精华素**

③ 对消除疲劳和治疗虚寒效果显著的**人参**

④ 能够抑制吸收脂肪的**武靴叶**

## Q5 下面哪一种精油不适合A型人?

① 非常受大众喜爱的,精油中最常见的**熏衣草**

② 高贵、典雅,非常有女人味的**玫瑰**

③ 作为睡前的香草茶,非常受青睐的**春黄菊**

④ 有着非常清爽的香味,能将睡意驱走的**薄荷**

## Q6 下面哪一种动物适合A型人饲养?

① 鬣蜥、乌龟等**爬行类**

② 鹦鹉、鹦哥等**小型鸟类**

③ 宠物中常见的猫、狗等**动物类**

④ 田鼠、兔子等**小动物类**

回答

| Q1 | Q2 | Q3 | Q4 | Q5 | Q6 |
|----|----|----|----|----|----|
|    |    |    |    |    |    |

答案

| Q1 | Q2 | Q3 | Q4 | Q5 | Q6 |
|---|---|---|---|---|---|
| 1 | 4 | 3 | 4 | 4 | 3 |

**感觉有压力时身体会分泌皮质醇激素。**
**用有效的缓解压力的方法来控制皮质醇的分泌。**

A型人属于完美主义者，神经比较敏感，所以总会因一些事而困扰、烦恼，尽管从外表看不出来，**却是四种血型中最容易有压力的一种血型。**

压力会使体内一种叫肾上腺皮质醇的激素分泌增多，人由此容易变得烦躁，皮肤也会变差，甚至还会引起失眠，所以一定要学会放松自己！

日常生活中，为了避免体内的皮质醇水平过高，除了注意饮食生活外，还应该经常面带笑容，以此来降低皮质醇含量。

**Q1** ① 疲劳时人体会在无形中积存压力。

"压力激素"——皮质醇值上升时，会导致血糖上升。摄入优质蛋白质后能够稳定血糖值。同时也能让皮质醇值趋于平衡，这样压力自然就能随之得到缓解。除油梨外，鲑鱼、水煮豆、豆浆等也都是适合A型人摄取蛋白质的食材。

**Q2** ④ 辣椒、鳗鱼这一类食物，对缓解压力有益，却不适合A型人。对A型人来说，缓解压力最好的食物应该是大蒜，其他的食物，如韭菜、大葱、洋葱等味道浓厚的蔬菜也都不错。

**Q3** ③ 瑜伽这类舒缓的锻炼方式对缓解压力比较有效。特别是动作缓慢、注重调节呼吸的动脉瑜伽最适合A型人。而像力量瑜伽这种动作幅度较大的瑜伽，在做的时候，容易过分注意动作是否标准、到位，反而起不到放松的作用。

**Q4** ④ 工作繁忙时饮食生活常常不规律。这时可以补充一些保健品。选项④中的武靴叶是减肥食品的主要成分，与消除压力没有什么关系。值得推荐的保健品有，欧米伽–3中富含DHA的欧米伽–3保健品、能够调节内分泌的含锌保健品，以及能够保护心血管的含镁保健品等。含镁饮料可是环球小姐森理世的最爱哦！

**Q5** ④ 香薰疗法可以缓解压力，让身心得到彻底的放松。特别是熏衣草精油，它能够降低人体内的皮质醇值，平时不妨把它放在室内、或在枕头上滴上几滴。而薄荷精油则是能够提高注意力的香薰材料。

**Q6** ③ 饲养宠物可以放松身心。饲养①、②、④这些小动物不能让人感觉到温暖，而猫、狗一类的动物很早就成为了人类的伙伴，跟人类一起生活了。它们不仅可爱而且很通人性，触摸这些动物时还能够感觉到它们的体温。

## 艾丽卡的美体食谱

### 油梨沙拉

● 配料

油梨…2个
紫皮洋葱…1/2个
香菜…2大匙
柠檬汁或莱姆汁…1大匙
初榨橄榄油…1/2大匙
天然盐…1/2小匙
黑胡椒、彩椒粉…各少许
新鲜蔬菜（白萝卜、胡萝卜、芹菜、黄瓜等）…适量

● 制作方法

1 油梨切半后取出瓤肉。油梨皮还可以用来当容器。
2 用叉子将油梨的瓤肉捣碎，加入切碎的紫皮洋葱、香菜和盐、柠檬汁、橄榄油、黑胡椒后搅拌均匀。
3 将步骤2中的材料蒙上保鲜膜，放入冰箱内冷藏。食用前取出。
4 将白萝卜、胡萝卜、芹菜、黄瓜等蔬菜切成条摆在盘中，用冰镇好的油梨酱蘸食。

颜色鲜艳的新鲜蔬菜和油梨中富含大量维生素和养分，能够有效帮助我们恢复体力！

# 小常识4　压力激素——皮质醇

**"压力激素"皮质醇是损害美丽的恶魔。**
**采用有效的方法来抵御皮质醇的侵袭！**

### "皮质醇"这个词对我们来说很陌生，但却是A型人的大敌！

日常生活中我们一般很少听说"皮质醇"这个词。皮质醇是一种激素，压力过大时我们的身体就会分泌过量的皮质醇。特别是A型人，容易积累压力，是四种血型中最容易出现皮质醇分泌过多的体质。因此，A型人在日常生活中要注意缓解压力，以减少皮质醇的分泌。

压力产生的原因除了人际关系、职场环境等外在因素之外，不规律的饮食或过量运动也同样会带来压力，导致皮质醇分泌过量。此外，如果在疲劳、生气时进食，容易引起消化不良，如腹胀、胃痛等。这种情况下，最好不要进食。如果实在需要进食，就要选择那些易于消化的食物并喝点绿茶。

### 压力激素分泌过量会有什么后果？

皮质醇是由于体内压力过大而分泌的一种压力激素。这种压力激素分泌正常时，对人体不会产生什么危害，但分泌过量时就会造成以下危害。

・交感神经过分活跃（心脏得不到休息）

・皮肤变薄（容易产生皱纹）

・伤口不易愈合（容易留下疤痕）

・容易长粉刺

・水分代谢功能紊乱（容易浮肿）

上述危害无疑都会加速衰老。最近还有研究显示，皮质醇分泌过量，容易引起失眠、导致抑郁症。

A型人常常要求自己"必须要做……""接下来一定要做……"，总有一种被时间追赶的感觉。因此，A型人要注意给自己留出放松的时间，以避免皮质醇分泌过量。

用愉快的心情开启每一天的生活！
艾丽卡有办法让压力激素减少，
那就是"笑容"和"放松"。

无论是搞笑小品、爱情轻喜剧，还是使用香薰、药草茶，这些方法都能够减少压力激素。大笑时人体会分泌多巴胺和脑内啡，而且人体在放松时会分泌血清素。此外,"笑"还能降低皮质醇激素的分泌。

在每天的生活中,请时刻提醒自己不要忘记"笑容"和"放松"这两大美容、健康的法宝!

# 专题4 艾丽卡的微笑是我的精神支柱

艾丽卡式解压的秘诀——"放松"和"达到目标的80%就OK"。

### 边听CD边冥想，或者练习瑜伽

A型人最佳的自我放松方法是冥想和瑜伽。

最近我特别着迷于听冥想用的雨声CD。听下雨的声音，能让自己的身心得到彻底的放松。冥想能刺激身体分泌一种叫DHEA（脱氢表雄酮）的激素，降低体内的皮质醇水平。

此外，还可以经常做一做举腿动作（参见第81页）。做这个动作时切忌憋气，要边呼吸边做。而且是用鼻呼吸，边做时边想象空气正在体内循环。

A型人总是要求自己"不做不行"，潜意识里会追求完美。如果任何事情都想要100%的做好，只会让自己精疲力竭。所以，只要能达到目标的80%就可以了。

小猫是艾丽卡放松时不可或缺的伙伴（上图）。图中右边是懂事的女孩"咪娘"，左边是老实的小伙子"巴吉"（意大利语"亲吻"的意思）。下图是艾丽卡在客厅中和猫咪们在一起休息时的照片。"我的放松方式之一就是坐在这里看DVD度过轻松时刻。除了

《美丽人生》（第71届奥斯卡获奖影片）、《BJ单身日记》（根据英国同名畅销小说改编）这些电影外，我还很喜欢看传记性的纪实类电影。"（艾丽卡）

Chapter

## 体质虚寒篇

**体寒是美容的大敌，
A型血的你怎么能够改善体寒呢？**

A型女性中大多数人都是寒性体质。

俗话说"寒为百病之源"，体寒是由于血液循环不好造成的。

A型女性可以通过入浴和饮食来改善寒性体质，

用多种方法来改善A型人体寒的症状。

## Q1 能够改善体寒的按摩方法是哪一种？

① 用小锤敲打足底穴位的**敲打按摩法**

② 用手用力按压穴位的**指压法**

③ 顺着淋巴液流动的方向轻柔推拿的**淋巴排毒法**

④ 以活动关节为主要特点的**泰式按摩法**

## Q2 下面哪种放松姿势能有效改善浮肿？

① 瑜伽中被称为"合掌树式"的**单腿合掌**姿势

② 盘腿、闭目的**冥想式**姿势

③ 仰卧后将双腿贴在墙壁上的**举腿**姿势

④ 仰卧后用双手双脚的力量将臀部及身体抬起的**仰挺**姿势

## Q3 小玩具竟然能改善浮肿？猜猜是哪一个呢？

① 弹上弹下的**蹦床**

② 充满童趣的**秋千**

③ 公园里的**滑梯**

④ 方便携带的**悠悠球**

## Q4 体寒是腿部浮肿的原因之一。下面哪种物品对改善浮肿有效？

① 既能让你挺胸抬头，又会让你看起来格外漂亮的**7厘米高跟鞋**

② 能够改善腿部血液循环的**弹力连裤袜**

③ 能让肌肤表面变得光滑，加入了乳木果油的**润肤露**

④ 能让你的腰身看起来更迷人的**塑身内裤**

## Q5 下面哪种方法对体寒的人不适合？

① "泡一会儿热水，出来凉一凉。"每隔几分钟反复进行的**重复浴**

② 用热水和冷水交替冲洗下肢的**冷热浴**

③ 水量到胸口位置，水温在38～41℃左右，泡洗时间较长的**半身浴**

⑤ 用42℃以上的热水迅速泡洗的**热水浴**

## Q6 能改善体寒的自制饮料是哪一种？

① 用果汁减弱苦瓜苦味的**苦瓜+橙子**饮料

② 混合搅拌在一起能够替代早餐的**豆浆+香蕉**饮料

③ 有点辣味的**胡萝卜**+**苹果**+**姜**饮料

④ 富含抗老化成分——番茄红素的**西红柿**饮料

回答

| Q1 | Q2 | Q3 | Q4 | Q5 | Q6 |
| --- | --- | --- | --- | --- | --- |
|  |  |  |  |  |  |

现在在欧美等国家,蹦床运动非常流行。艾丽卡也有一个直径达70厘米的迷你蹦床。

答案

| Q1 | Q2 | Q3 | Q4 | Q5 | Q6 |
|----|----|----|----|----|----|
| 3  | 3  | 1  | 2  | 4  | 3  |

**体寒和浮肿是A型女性的大敌！如果置之不理，后果将不堪设想。**
**让下身暖起来，改善血液和淋巴循环。**

女性中体质虚寒的人较多，尤其是A型女性，经常为身体浮肿而烦恼。究其原因就是压力导致血液和淋巴循环不良造成的。

有体寒和浮肿的人要从缓解压力、改善饮食生活等内部调理入手，同时兼顾按摩等外在的辅助性治疗。

**Q1** ③ 按摩是有效治疗体寒的方法之一，但有些按摩会让人感觉疼痛，难以忍受。除③以外，像①敲打式、②指压式、④泰式，只要是不太痛的按摩方法A型人都可以试试。还有，夏威夷式按摩术（Lomi Lomi）也是非常好的按摩法。此外，用天然材料制成的毛刷干刷身体，既能促进血液循环，又能加快体内的新陈代谢，改善体寒和排毒的效果非常不错。

**Q2** ③ 当血液中的压力激素——皮质醇水平升高时，可引起体内钠水潴留，导致身体浮肿。艾丽卡通常会教日本环球小姐候选人练习举腿瑜伽。这种方法既能轻松消除浮肿又能减缓压力。建议A型女性在家试一试。

Q3 ① 蹦床运动不会给膝盖造成负担，而且还可以促进淋巴循环，能有效改善浮肿。日本环球小姐美女培训教练伊内丝的家里也有一个蹦床。森理世也经常做蹦床运动。

Q4 ② 穿弹力裤袜能够有效消除双腿浮肿。市面上有各式各样的高弹连裤袜和过膝长袜。高弹连裤袜虽然从外观上看跟普通的长筒丝袜没有什么区别，但紧绷效果却大不相同。不信你可以穿穿看。

Q5 ④ 除了④以外，其他三种入浴方法都能够让身体从内到外慢慢热起来。采用①的方式时，"在热水中泡5分钟，出来再淋浴3分钟"这样反复入浴3次，然后在热水中泡5分钟出来，结束入浴。采用②的方式时，用热水和冷水交替冲洗下肢。每次分别持续30秒，共重复5组。

Q6 ③ ①的苦瓜和橙子、②的香蕉和④的西红柿，这三种食材都不适合A型人。③中的姜是改善体质虚寒的最佳选择，在日常的饮食生活中应该多吃这样的食物。

## 艾丽卡的美体瑜伽

**简单而且能使身心得到极好的放松！**

如图所示，躺在地板上，让下肢紧贴墙壁，与上身成九十度。闭上双眼，慢慢进行深呼吸，保持这个姿势10分钟。做这个动作时，不要考虑其他事情。你会慢慢地感受到，血液及淋巴中的淤滞被化解了，压力也随之被排除。按照个人的情况，做这个动作时可以垫上软垫或戴上眼罩。

## 艾丽卡的美体食谱

**消除体寒的饮料[苹果+姜]**

● 配料
胡萝卜…2～3根
苹果…2个
姜…2厘米左右
菠萝…1/2个

● 制作方法
将所有配料放入果汁机中搅拌直至黏稠，倒入杯中后立即饮用。

# 实例见证1　A型血的她变美的原因之一

无论是在澳大利亚还是日本，艾丽卡都曾指导过很多人根据血型进行健康调理。下面从以往的实例中选出三例仅供大家参考。

**尝试以鱼为主的饮食方式，消除了湿疹和干眼症。**
**凯特（A型血、女、32岁）**

第一次见到凯特时，她既患有湿疹又患有干眼症，非常苦恼。身为化妆师的她每天工作繁忙，作息不规律，精神压力很大。一日三餐不是吃半成品式的加工食品就是外卖。

我首先给她做了过敏测试。结果发现凯特对乳制品过敏，于是我建议她不要再摄取乳制品。此外，我还给她做了一些相应的比较详细的指导。

我给她的饮食建议是大量吃鱼（鲑鱼、沙丁鱼、鲐鱼等），每天摄取两大勺初榨橄榄油。同时告诉她，要尽量减少摄入含欧米咖-6的油（参见第27页）。接下来是吃糙米和颗粒状的谷物，并配上新鲜的水果和蔬菜。饮品以豆浆为主，每天还要喝2杯新沏的绿茶和8杯水。此外，每天最少保证15分钟的放松时间，特别是感觉压力大时。与此同时，还要结合能够缓解精神压力的美容法。

这样，不到3个月的时间，凯特的湿疹竟然奇迹般地消失了，干眼症也彻底治愈了。凯特告诉我，她现在每天都感觉精神饱满，睡觉也很香。

**控制膨化食品的摄入，因为它会造成消化系统紊乱。**
**索尼娅（A型血、女、28岁）**

索尼娅曾经一直为腹胀、便秘、胃胀而烦恼，除此之外，她还患有鼻炎，并且非常容易感冒，她的下眼睑还经常出现黑眼圈。引发这些症状的原因之一是精制砂糖和小麦粉的摄入。因为索尼娅非常喜爱吃甜食，几乎每天都会吃丹麦酥皮面包（danishi）、甜甜圈、巧克力一类的东西。

我建议她采用适合A型血的饮食方法和运动方式。也就是说，控制精制小麦粉和砂糖、红肉（牛肉、猪肉、羊肉等）以及乳制品（酸奶除外）的摄入，多吃一些新鲜的水果、蔬菜、豆腐及其他大豆制品。此外，还要补充一些营养保健品乳酸菌（乳酸菌是对人体的消化器官等非常有益的菌类）和欧米伽-3脂肪酸。还有，吃饭的时候要注意细嚼慢咽。

三个月后，索尼娅的消化系统有了显著的改善。下眼睑的黑眼圈也不见了，看起来非常迷人。看到充满活力的索尼娅，我也由衷地为她感到高兴。

## 通过饮食生活来调理体寒和经前综合征
## 由里子（A型血、女、22岁）

让由里子非常烦恼的是体寒导致的手脚冰冷和经前综合征（PMS）。由里子的问题症结在于长期食用"过精食品"，即用精制小麦粉和砂糖制作的食品。换句话说，由里子每天吃的实际上只是"营养的残壳"。

比如，早餐是面包加果酱，午餐是贝果面包圈、司康饼，或者用白面包做的三明治一类的东西配上卡布奇诺咖啡。晚餐是意大利面条或烤肉等等。由里子几乎不怎么吃水果，新鲜蔬菜更不用说。偶尔还会饿上一两顿。

我建议她首先控制"营养残壳"（即所有精加工食品）的摄入。像这类食品只适合偶尔吃一吃。然后，跟凯特一样，我也向由里子推荐了适合A型血的饮食方式，还有瑜伽。前面提到的举腿动作（参见81页）对A型人非常有益。此外，像干刷浴（参见49页）、在迷你蹦床上跳跃等对血液和淋巴液的循环都非常有益。另外，我还让由里子服用含欧米伽-3的保健品以及银杏叶精华素。

6周以后，由里子手脚冰冷的症状消失了，经前综合征也逐渐好转，只是在月经前稍微有一点点烦躁而已。不光是由里子本人，就连她周围的人也都发现了她的变化，说她看起来比原来温和了很多。

# 专题5　日本环球小姐的美丽身材锻炼法

如何塑造和"世界第一美女"一样美妙的身材？
森理世也使用过艾丽卡的简易运动方法。

　　森理世采用的是适合A型血的塑身方法。下面要向大家介绍的是她每晚临睡前进行的几个简单运动。

**塑造腿部线条的下蹲运动**

　　分开双腿，将脚尖立起，然后自然下蹲。"我在做这个动作时常常会听自己喜欢的曲子。动作大概持续一支曲子的时间。"（理世）

**对上臂-胸部有效的立肘运动**

　　如图所示，保持姿势30秒。然后将双腿伸直，用脚尖触地，保持30秒。双腿姿势保持不变，将双臂伸直，手心朝下贴在地板上，保持30秒。最后，做一个婴儿式姿势（参见第112页）放松全身。重复做3次。

## 锻炼腰部线条的侧腹伸展

双臂向上伸直后向一侧侧弯,让身体的另一侧得到拉伸。"侧弯时呼气,保持住这个姿势直到两臂开始发颤为止。"(理世)

## 塑造美丽翘臀的抬腿运动

手臂触地伸直,双腿弯曲成九十度跪在地板上,然后向上抬起右腿,这样反复做8次(或4次、或2次)。再换左腿。共做3组。

### 运动后别忘了补充水分

"每晚临睡前20分钟,我都会做这些运动。做完以后可不要忘记补充水分哟!"(理世)

Chapter

# 疾病篇

## 健康管理是成为美女的重要法宝
## A型血女性的调养方法

身体状况以及疾病都与血型有着重要的关系。

本章将介绍A型血易患的疾病、相应的预防方法

和身体不适时的对策。同时还有很多独家食谱与大家共享。

Q1 和其他血型相比，A型血不容易患的疾病是哪一种？

① 便秘、腹胀等**消化系统疾病**

② 长期伏案的**颈椎病**

③ 压力造成的**胃溃疡**

④ 过度担心造成的**神经紧张**

Q2 精神上受到打击时，和其他血型相比，A型血不容易出现哪些症状？

① **酒精依赖症**：总是不知不觉喝起酒

② **发怒**：情绪过分激动

③ **强迫症**：总是想"应该做点什么"

④ **失眠症**：无法入睡

Q3 对增强体质能起到意想不到效果的、形状有些奇怪的食物是哪一个？

① 被称为海中菠萝的**海鞘**

② 外观软绵绵的，咬起来非常劲道的**海参**

③ 用黄油和大蒜加工的**蜗牛**

④ 具有滋阴壮阳功效的**鳖**

Q4 A型女在月经周期的什么时间最容易陷入低谷状态？

① 月经前两周的**排卵期**

② 出现经前综合征的**月经前**

③ 对痛经的人来说痛苦的**月经期**

④ 月经结束后仍有不适感的**月经后**

Q5 为了保持健康，A型血应该做哪一项检查？

① 胃癌、肝癌、乳腺癌等**癌症排查**

② **甲状腺激素检查**

③ 检查红细胞、白细胞数量的**血常规检查**

④ 检查肝脏功能的**肝功能化验**

Q6 A型女应该特别注意哪种妇科病？

① 月经次数多、出血量较大的**月经过多症**

② 泌尿生殖系统感染引起的**感染症**

③ 子宫中出现囊肿引起的**子宫肌瘤**

④ 月经不调引发的**子宫内膜炎**

回答

| Q1 | Q2 | Q3 | Q4 | Q5 | Q6 |
| --- | --- | --- | --- | --- | --- |
|  |  |  |  |  |  |

美味蜗牛

答案

| Q1 | Q2 | Q3 | Q4 | Q5 | Q6 |
|----|----|----|----|----|----|
| 3  | 2  | 3  | 2  | 1  | 3  |

**消化系统疾病往往与压力有关。**
**A型人尤其要注意"癌症"。**

血型不同，内脏器官的强弱和易患的疾病也不相同。A型人的消化器官比较敏感，一旦有压力就会过量分泌皮质醇激素，容易感觉恐慌、不安等。有研究显示，偏食（特别是过多摄入动物性脂肪和精加工食品等）和长期精神压力过大导致A型人患癌症的几率较高。

**Q1** ③ 这些都是A型人易出现的症状，但O型血比A型人更易患胃溃疡。

**Q2** ② 与A型人相比，O型人易燥、易怒的情绪更明显。A型人常常要求自己"不做××不行"。神经强迫症和失眠症都是由于皮质醇的过量分泌造成的。要预防这些症状，就要学会解压。

**Q3** ③ 要通过适当的锻炼和运动以及日常生活饮食来预防重大疾病。蜗牛对增强A型人的免疫系统非常有益。

**Q4** ② 来月经后经前综合征就会很快消失。来月经前，一般人会感到体乏疲惫、容易发脾气。调查显示，A型人和B型人容易患经前综合征。月经前由于体内激素分泌不平衡，女性容易过度摄入甜食，而白砂糖和精制碳水化合物摄入过多会导致血糖值紊乱，引起经前综合征。食用优质蛋白质（鱼、蛋、果仁等）既能稳定血糖（参见第58页），又能有效缓解经前综合征。

**Q5** ① 这些检查适合排查各种癌症，所以都是应该定期接受的检查项目。而A型人尤其要注意的是心脏病，建议做定期检查。

**Q6** ③ 这些都是女性疾病。子宫肌瘤就是子宫中出现囊肿。子宫肌瘤是由于内分泌不平衡引起的。合理的饮食生活对于调节内分泌非常重要。多吃含有欧米伽-3（参见第27页）的鱼类、蔬菜和大豆制品。牛奶、乳制品、白砂糖、精制碳水化合物中含有反式脂肪酸，一定要减少摄入。

## 艾丽卡的美体食谱

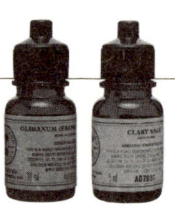

精油产品。左边是OLIBANUM（乳香），右边是CLARY SAGE。

**香薰精油按摩对保持内分泌平衡作用非凡！**

香薰精油中的乳香精油、快乐鼠尾草（clary sage）精油、依兰精油，对调节A型女的内分泌非常有效。痛经时，在杏仁油中滴入几滴乳香精油涂在掌心，然后用掌心按摩腹部会感觉比较舒服。还可以用这种精油对胸部进行按摩，一周三次为宜。方法是在温热的手中滴几滴精油，用拇指以外的四根手指轻按乳房，由下至上、由外至内画圆36次，再由内至外画圆36次。

# 实例见证2　A型血的她变美的原因之二

让我们再来看看在艾丽卡指导下,下面四位女性是如何解决自己的烦恼,变得更加美丽的。

**停止高蛋白质瘦身,肌肤得到改善。**
**阳子(A型血、女性、20岁)**

阳子一直为下颌和脸颊上的痘痘和粉刺而烦恼。为了保持体重,阳子一直坚持高蛋白质瘦身法,两餐之间还大量饮用清凉饮料。阳子说,她常常感觉有压力。

我向她推荐了适合A型人的生活方式,并提醒她注意饮食,让体质恢复碱性。我建议她早上喝一杯美容绿汁。用餐时注意多吃叶类蔬菜。除此之外,还要经常饮用绿茶和大量补水。减少精加工的碳水化合物和砂糖的摄入,少吃乳制品。建议她每天要保证15~20分钟的放松时间。

这样坚持6周以后,阳子的皮肤开始变得通透,粉刺也明显减少了。

**早上喝一杯柠檬水，多吃富含纤维的食物，慢性便秘得到改善了。**
**真梨子（A型血、女性、39岁）**

真梨子长期为慢性便秘而苦恼。接受指导前，她一周只有1～2次的排便，睡眠质量不高，常常有疲劳感，肤色喑哑……

我仔细询问了真梨子的饮食生活，原来她非常喜欢吃油炸食品，像咸味薯片一类的膨化食品几乎是每天一袋！于是我向她推荐了适合A型人的生活方式。另外，为了缓解便秘，我还建议她积极摄取富含纤维的食物。

对经常便秘的人，我一般会建议她们每天早上喝一杯柠檬水（鲜榨柠檬汁加温水冲调），并且每周锻炼4～5次，每次40～45分钟。运动以慢跑、游泳、轻度有氧运动和瑜伽为主。此外，如果每天能保证10～15分钟的放松时间当然再好不过了。

按照这样的生活方式持续六周后，真梨子的消化情况有所好转，能正常排便了。

**采用适合A型血的减肥运动后，2个月体重减轻了6千克。**
**佩琳达（A型血、女、36岁）**

佩琳达在三年中体重增加了5千克！为了能在结婚典礼时穿上美丽的婚纱，她决定开始减肥了。

于是，我建议她多吃鱼（鲑鱼、沙丁鱼、鲐鱼等），还有初榨橄榄油，再配上糙米和全麦一类的颗粒谷物。两餐之间吃点儿核桃仁和杏仁。让她多吃新鲜水果和蔬菜，一定不要吃外卖和加工食品。

此外，我还建议她做适当的运动，每周4～5次，每次40分钟。当然也要保证每天有放松的时间。

这样持续2个月后，佩琳达的体重竟然减掉了6千克，与之前简直判若两人。她告诉我，现在她每天都很有精神，健康状况也非常好。

## 用黑巧克力和橄榄油来改善干燥的肌肤。
### 海伦（A型血、女、34岁）

海伦的皮肤非常干燥，有时甚至会出现局部脱皮。原因是由于海伦一直在减肥，结果导致对身体有益的油脂（参见第27页）摄入不足。

针对她的情况，我建议她采用适合A型血的饮食方法、运动方式和放松方式。此外，又给她提供了由内至外滋润肌肤的特殊食谱。多吃鱼，比如鲐鱼、鲑鱼、沙丁鱼等。多吃黄绿色蔬菜、带深绿菜叶的蔬菜、颗粒谷物和豆类。少量地吃一些具有美肤作用的黑巧克力。

我还特别推荐她每天摄入两大勺用低温压榨法生产的初榨橄榄油,再吃一些核桃仁、杏仁和南瓜子等果仁。

仅仅一周的时间,海伦的皮肤就出现了变化。六周后,她的皮肤开始焕发出光泽。海伦告诉我,原来局部脱皮的现象已经完全消失了。

# 专题6 感冒时安全、不刺激的自然调节法

感冒了,别急着吃药,先到厨房找找"药方"!
艾丽卡给你安全无害的天然呵护。

当你感觉身体不适,好像要感冒时,一定要及早"下手"!

下面,艾丽卡向你介绍一道预防感冒的饮品——"加入彩椒的姜味柠檬汁"。姜属于温性食材,能让身体暖起来。"彩椒姜味柠檬汁"和"苹果泥"是我的固定早餐食谱。彩椒和柠檬能补充维生素C,预防感冒;苹果泥中加入果脯能够补充维生素和矿物质。身体虚弱时喝这两种饮品非常有益。这些食材是厨房冰箱中常有的,身体不适的时候一定不要忘记它们哦!

另外,香草和紫雏菊能够提高身体免疫力,防止细菌和病毒的入侵,可以适当摄入一些。还有,补充维生素C也能提高人体的免疫力。

当然,保证充足的睡眠对防治感冒也非常重要!

## 艾丽卡的美体食谱

### 消除体寒的饮料[苹果+姜]

● 配料&制作方法

水（1杯）中加入鲜姜（一片），烧开后改成小火，加入榨好的柠檬汁（1个），撒入少量彩椒粉后煮几分钟。煮好后倒入杯中，再加入蜂蜜（1~2小匙）饮用。柠檬和彩椒中的维生素C治疗感冒的效果非同一般！

### 能让你恢复活力的苹果泥

● 配料&制作方法

苹果（半个）捣成泥放入碗中，加入切成小块的李子（4个）和蓝莓（1/4杯），浇上酸奶（1/2杯），再撒上捣碎的美国山核桃（2小匙）后食用。苹果鲜美的口感一定能让你的食欲大增。

Chapter

早晨篇

利用好早上的时间,能让你一天
都很美丽。千万不要疏忽哦!

早餐的食谱、早上应该做的运动……"一日之计在于晨"。

充分利用早上的时间会让你一天都很美丽。

要成为A型美女,就要学会利用好早上的时间。

Q1　早饭是一天的能量之源，下面哪一种是适合A型血的早餐食谱？

① 只喝清爽简单的**橙汁**

② 加入鸡蛋、鲑鱼和蔬菜的**菜粥**

③ 有西式生活气息的**黄油吐司、水果、荷包蛋、沙拉、咖啡**

④ 香蕉、红薯等食材中的任意一种**单品**

Q2　早餐吃多少为宜？

①采用饥饿疗法**不吃早饭**

②"面包和咖啡"、"饭团和茶"等**摄取丰富的碳水化合物和饮品**

③米饭加酱汤、煎鸡蛋配沙拉**吃七分饱**

④喝奶茶或蔬菜汁等**只喝饮品**

Q3　早上想尝试"欧式生活"，你会选择什么样的早餐？

① 香甜的**巧克力玉米汁**

② 对面包非常讲究的**100%黑麦面包+果仁黄油**

③ 看起来非常有品味的**带奶油奶酪的贝果面包三明治**

④ 能填饱肚子的**火腿三明治**

## Q4 适合A型人早上饮用的美体饮料是哪一种？

① 有热带风情的**芒果奶昔**

② 做起来有点费事的**蓝莓思慕雪**

③ 能让头脑彻底清醒的**橙汁**

④ 甜度适中的**香蕉牛奶**

## Q5 早上哪种习惯能让A型女变美丽？

① 为了保证充足的睡眠，**一直睡到不得不起床时**

② 每天早上吃**加入西红柿的沙拉**

③ 早起后**在附近散步**

④ 为了不让早上的阳光进入室内，**窗帘拉得很严实**

## Q6 想要塑造健康又美丽的身材，A型女早上起来适合做什么运动？

① 早上开始跟着DVD做**动作强度较大的健美运动**

② 早上到健身房做**韵律操**

③ 边享受日光浴边做**瑜伽**

④ 和好朋友一起打**壁球**

回答

| Q1 | Q2 | Q3 | Q4 | Q5 | Q6 |
| --- | --- | --- | --- | --- | --- |
|  |  |  |  |  |  |

早上是唤醒身体的重要时间。
A型人切忌睡回笼觉!
早餐建议吃糙米或黑麦面包。

早上(特别是6点～8点之间)是促进睡眠的褪黑激素和白天活动所必需的其他激素(包括皮质醇)交替的时间。大脑彻底清醒后,身体的各项机能才能开始正常运转。所以,不要睡回笼觉,而应让身体一早就开始活动,以保证内脏器官和皮肤处于最佳状态。

答案

| Q1 | Q2 | Q3 | Q4 | Q5 | Q6 |
|---|---|---|---|---|---|
| 2 | 3 | 2 | 2 | 3 | 3 |

**Q1** ② 在第一章中提到过，吃米饭和小麦一类的谷物，最好不要精加工的，"茶色"的最好！

A型人早餐最好吃用糙米或胚芽米做的粥，里面放上鸡蛋、鲑鱼等，这些食物可以增加蛋白质。最理想的早餐搭配是：米饭+酱汁+纳豆+鸡蛋+白萝卜泥。如果想吃面包的话，建议选择100%的黑麦或全麦面包。

**Q2** ③ 早餐的量既不能太多也不能太少。要保证营养，不能只吃碳水化合物。早上是一天的开始，早餐是非常重要的能量来源，所以绝不能不吃早饭。而且，单一的早餐还会造成营养失衡，一定要均衡摄取各种营养。

**Q3** ② 未经过精加工的碳水化合物+蛋白质食材＝最佳早餐搭配。

**Q4** ② 没有时间吃早饭时，最好的选择是思慕雪

你可以参考下面的食谱自己做做看。芒果、橙汁、香蕉这类水果都不太适合A型人。

**Q5** ③ 紫外线虽然对人体不利，但也不是完全没有益处。例如骨

头和牙齿所需的维生素D只有在阳光照射下才会产生。适当的日光浴能增强人体免疫力,提高睡眠质量。建议每周接受3次日光浴,每次在20分钟左右。不过,别忘记在脸上涂上防晒霜哦!

**Q6** ③ 锻炼方法可以参见第43~44页,尽量少做剧烈运动。早上起床后如果做一做瑜伽,那么你一天会觉得神清气爽。

## 艾丽卡的美体瑜伽

**唤醒昏昏沉沉的大脑和身体,让你的脸色变得更有光泽。**

"太阳礼拜"是瑜伽的一种经典姿势。刚开始做的时候可能觉得有些难,慢慢习惯就好了。这个姿势能够让身体得到非常好的放松。练习时双脚着地,然后双臂打开与肩同宽,向下俯身让双手着地。臀部朝上拱起,双臂和双腿都尽量伸直,保持平稳的呼吸。这个姿势能够促进头部和脸部的血液循环,让昏沉沉的大脑清醒起来,脸色也会变得有光泽。

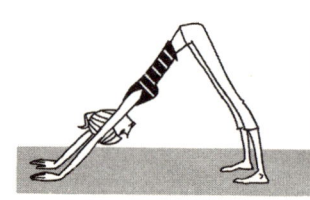

## 艾丽卡的美体食谱

### 蓝莓思慕雪

● **配料(1~2杯)**

无糖酸奶・豆浆・蒸馏水…各1/2杯

蓝莓…一小把

杏仁或核桃仁…1大匙

冰块…2个

● **制作方法**

将所有配料放入搅拌机中,开启电源直至所有原料呈糊状为止。按个人喜好,加入蜂蜜或龙舌兰糖浆(1大匙)或亚麻子油(1大匙)。

# 专题7 艾丽卡式清晨享受法

艾丽卡的早晨：
"清淡、适量的早饭能把身体从睡梦中'唤醒'"。

起床后先喝一杯加了鲜榨柠檬汁的温水。其排毒功效对A型人非常有益。然后做伸展运动，或用蹦床（参见第80页）做一些简单运动。

我每天在"唤醒身体"后，会喝一杯加了苹果汁的营养绿汁。我把这种营养绿汁叫做"清晨鸡尾酒"。冬天的早餐我会喝"全麦粥"，让腹部暖起来。同时还会配上时令水果、酸奶+果仁等。早上吃得过多会让身体感到疲劳，所以早餐不宜吃得过多。

每到周末，我都会和丈夫一起做蛋糕（不使用小麦粉）。有时间的话，会在家附近散散步，有时"洗"一个干刷浴（参见第49页）。

因为一直都很忙，所以我的下一个目标是"争取获得悠闲时光"。

## 艾丽卡的美体食谱

### 全麦粥

● 配料&制作方法

全麦（1/2杯）中加入少量盐和水（2杯），开火煮沸后改中火煮20分钟。如果觉得硬再继续煮5～10分钟。加入葡萄干等果脯后从火上取下。盛入碗中，可依个人喜好加入苹果、蓝莓、果仁和枫糖浆、豆浆等。

### 健康烤饼

● 配料&制作方法

将鸡蛋（2个）、大豆粉和荞麦粉（各1/4杯）、全麦麦麸和酸奶（各1/2杯）、有机豆浆（参见第123页）（1/2杯），混合搅拌。平锅中加入橄榄油，用勺子舀出适量混合后的配料汁煎烤成饼即可。

Chapter

# 睡眠篇

**舒心度过一个温馨的夜晚，
是塑造完美自我不可或缺的时间。**

早上和夜晚都是非常重要的时间，临睡前的身体状态会影响睡眠质量，对塑造美丽也至关重要。A型人如果好好利用夜晚的时间，就能通过睡眠时间来塑造完美自我。

Q1　为了保证良好的睡眠，A型人应该注意些什么？下列选项中哪种生活方式是错误的？

① 临睡前做剧烈运动**让身体感觉到疲劳**

② 保证8小时**睡眠**，养成良好的生活规律

③ 使用纯棉质地**手感柔软**的睡衣和床上用品

④ 创造一个没有噪音的**安静环境**

Q2　睡前适合做哪一项运动？

① 韵律操一类**动作幅度较大**的运动

② 可以放松肩、背的**瑜伽**中的"婴儿式"姿势

③ 为了塑造"蜂腰"，做50次锻炼腹肌和背部肌肉的动作

④ 在附近**散步**半小时～1个小时

Q3　睡前1个小时可以做些什么？

① 玩**电脑**上上网

② 用**手机**和朋友发发短信

③ 看看**电视**娱乐节目

④ 边喝洋甘菊茶边**看书**

## Q4 下列选项中哪种不利于营造舒适的睡眠环境？

① 选择**色调较暗**的床单和被套等

② 把室内温度调至不冷不热的**适中温度**

③ 使用熏衣草精油或其他**香薰精油**

④ 将室内照明**调至最亮**

## Q5 睡前喝哪种饮品比较好？

① 加入牛奶的**奶香咖啡**

② 冰镇椰汁

③ 温热的**豆浆**

④ 加了**热水或苏打水**的威士忌或利久酒

## Q6 哪种状态最适宜睡眠？

① 晚饭已经完全消化了的**空腹状态**

② 1~2个小时前才结束用餐的**饱腹状态**

③ 饭后3~4个小时后**既不"空"又不"饱"的状态**

④ 空腹喝啤酒后的**胃紧缩状态**

回答

| Q1 | Q2 | Q3 | Q4 | Q5 | Q6 |
|---|---|---|---|---|---|
|  |  |  |  |  |  |

**夜晚也能塑造"美丽"。**
**睡眠充足是"美丽"的必要条件。**

当压力激素——皮质醇分泌增多时，就会抑制促进睡眠的激素——褪黑素的分泌。这种状态长期持续下去会导致失眠，而且还是美容的大忌！

**A型人至少要在睡前一个小时开始"Bridge time"，为度过一个舒适的夜晚营造温馨的卧室环境。**

答案

| Q1 | Q2 | Q3 | Q4 | Q5 | Q6 |
|----|----|----|----|----|----|
| 1  | 2  | 4  | 4  | 3  | 3  |

**Q1** ① 睡前做剧烈运动会严重影响入睡效果。

想要有个良好的睡眠，营造温馨的卧室环境和使用舒适的床上用品非常重要。躺在喜欢的床上用品上，让香气萦绕，能够获得良好的睡眠。A型人一般对周围的光线、声音等比较敏感，<u>睡觉时可以塞上耳塞或戴上眼罩</u>。为了养成规律的生活习惯，每天要保证8小时的睡眠时间。睡眠不足时可以利用午休或休息时间靠在椅子上闭目养神，效果也非常不错。但是，午睡最好控制在10~20分钟左右。如果午睡时间过长，人往往会在进入深层睡眠前醒来，这样会扰乱体内的生物钟，影响晚上的睡眠质量。

**Q2** ② 无论在什么时候，瑜伽和普拉提都是非常适合A型人的运动。当然，剧烈的瑜伽动作除外。

**Q3** ④ 电脑、电视、手机等电器的液晶画面不仅对眼睛会产生刺激，而且对准备入睡的人体也会产生不利的影响。因为液晶画面的光会使人体产生错觉，把夜晚当成白天，从而影响睡眠激素——褪黑素的分泌。睡前看书的话，应该选择内容不太刺激的书籍。我在给日本环球小姐的候选人作指导时,曾建议她们在临睡前1个小时就关闭手机电源。

**Q4** ④ 房间的明暗度是非常重要的睡眠环境。与Q3一样,光线太强会影响褪黑素的分泌。房间的明暗度可以用手指来测试。具体的方法是,平躺在床上举起手臂朝屋顶伸直,光线以看不到自己的手指为宜。

**Q5** ③ ①的咖啡、红茶、绿茶等都是含有咖啡因的饮品,因此都是不可取的。

椰子和芒果不适合A型人。摄入酒精过多会影响睡眠质量,特别想喝的话,以1杯红酒为宜。最适合A型人的饮品是豆浆,既能暖胃又能暖身子。

**Q6** ③ 过度空腹或过度胀满,会对胃产生刺激,影响睡眠质量。饮食应以适度为宜。觉得肚子空时,可以喝一杯热豆浆。

**艾丽卡的美体瑜伽**

放松效果显著的"婴儿式"姿势

双膝着地跪坐在地板上,将手臂伸直。如果觉得难度过大,可在地板和身体之间铺上软垫。如图所示,将头部和胸部尽量朝下贴在软垫上,伸直颈部、后背和臀部。这是一个能够让全身都得到放松的姿势。习惯这一姿势后,学着用鼻子进行深呼吸,放松效果会更好。

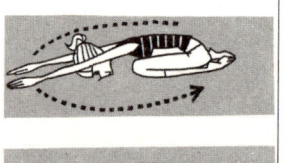
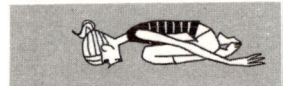

# 专题8 愉悦的性生活能够延缓肌肤衰老

"快乐性生活"不仅能让你变美丽,而且还能延缓衰老。

她看起来竟然比实际年龄年轻10岁!

英国的专家研究发现,"每周保证3次以上性生活的人和性生活次数少的人相比,从外表上看要年轻10岁"。拥有定期的美满性生活,对美容和健康会产生非同一般的效果。

这是由于达到性高潮时，副交感神经的兴奋占优势，人体能得到极大的放松。在性高潮的状态下，女性体内会分泌具有抗老化作用的雌性激素——催产素。而且，当性交达到高潮时，血液会流通到所有毛细血管，甚至到达皮肤、毛发、眼睛等人体末梢神经。所谓性生活能让人变得美丽就是这个缘故。此外，性交时人体内还会分泌一种叫"因多啡"的激素，它不仅能增强人的快感和幸福感，还能降低A型人体内的皮质醇水平。

　　当然，这一切的前提，是要有一位能让你的身心都能得到极大放松的爱情伴侣。

# 专为A型女提供的健康指导

适合A型人的饮食生活、运动方式、生活方式

# 专为A型女提供的健康指导·饮食篇

- 多吃以鱼和蔬菜为主的传统饮食方式。
- 鱼是A型美女的蛋白质摄入源！金枪鱼、沙丁鱼、鲐鱼和鲑鱼等每周至少吃三次。
- 远离牛奶！如果摄入乳制品就选用纯酸奶。
- 豆制品非常好！要积极食用豆腐、大酱、纳豆和红小豆等。
- 肚子饿时吃些果仁和果脯。两餐之间可以吃点零食来稳定血糖值。
- 想吃肉时建议选择鸡肉。牛肉和猪肉，实在想吃的时候可以吃一点。
- 要控制辣椒粉和胡椒粉等对胃刺激大的香辛料的摄入量。
- 一日三餐+零食两次。注意平衡蛋白质、碳水化合物和脂肪的摄入量。
- 如果特别想吃"应控制摄入的食品"，可以少量食用。但是要注意细嚼慢咽。另外，不要因为觉得吃了不该吃的东西而有"罪恶感"。既然选择了，就要享受吃的过程。
- 建议A型人瘦身时选择不会刺激血糖上升的低GI食品。
- 加工食品和油炸食品虽然属于低GI食品，但要注意这些食物含有反式脂肪酸。

- 植物营养素对美容和健康的作用不可忽视。建议多吃黄绿色蔬菜和富含多酚的红酒、可可和绿茶。

## 激活肌肤和身体的活力！抗老化食品"排行榜"（前12位）

| | | |
|---|---|---|
| 1 | 核桃仁 | 核桃仁中含有丰富的欧米伽-3，能滋润肌肤。 |
| 2 | 生活在寒流中富含脂肪的鱼类（鲑鱼、鳕鱼等） | 鱼中所含的欧米伽-3（EPA和DHA）能使肌肤变得光亮迷人。 |
| 3 | 莓类（蓝莓、红莓苔子果） | 富含各种植物营养素，能促进血液循环、激活脑细胞。 |
| 4 | 亚麻子油 | 建议干燥肌肤的A型血人多摄取欧米伽-3。注意要生吃。 |
| 5 | 洋葱 | 含有多酚，能预防血栓、防止动脉硬化。 |
| 6 | 深绿色叶类蔬菜 | 所含的芦丁能保护皮肤和眼睛、β-胡萝卜素能抵挡紫外线对人体的侵害。 |
| 7 | 大豆和豆制品 | 大豆中的异黄酮能降低胰岛素，调节激素分泌。 |
| 8 | 橄榄油 | 富含欧米伽-9的"美肤油"，能由内至外滋润肌肤。 |
| 9 | 姜 | 有抗炎痛、抗氧化作用，促进血液循环，帮助消化。 |
| 10 | 蒜 | 含有天然抗生素物质，祛吉效果好，还能降低胆固醇。 |
| 11 | 姜黄 | 具有抗氧化和抗炎症的作用，保护细胞免受刺激。 |
| 12 | 绿茶 | 新鲜的绿茶中儿茶酸含量丰富，有较强的抗氧化作用，能有效呵护肌肤。 |

### A型人用来美体塑形的食品

| 橄榄油 | 储存体内不需要的水分,防止浮肿、有利于消化。 |
| --- | --- |
| 大豆食品 | 优质蛋白质能加速身体新陈代谢,有助于脂肪燃烧。 |
| 所有蔬菜 | 帮助消化、促进肠蠕动,消除由便秘引起的浮肿。 |
| 菠萝 | 菠萝蛋白酶有助于消化。 |

### 容易让A型血体重增加的食品

| 所有肉类 | 造成消化不良,形成脂肪堆积。 |
| --- | --- |
| 乳制品 | 增加胰岛素分泌,妨碍营养代谢。 |
| 白豆、芸豆 | 所含的凝集素会延缓新陈代谢,抑制消化酶的分泌。 |
| 过量摄入小麦 | 过量摄入会影响体内热量的消耗。 |

# 专为A型女提供的健康指导·运动篇

- 建议A型人练习舒缓的运动，比如瑜伽·普拉提，这些运动能让人心情平和。
- 日本传统的合气道、剑道和中国的太极拳、气功，这一类动作缓慢的运动都非常适合A型人。
- 要选择自己喜欢的运动。切忌由于运动而造成情绪紧张。
- 与水相关的运动，A型血比较适合水中慢走、潜水等。要避开小舢板一类比较剧烈的运动项目。
- 有同伴一起锻炼当然不错，但如果你不习惯，那还不如自己一个人锻炼。
- 舞蹈，要选择动作舒缓的，如夏威夷舞、芭蕾等。
- 最好保证一周3～4次、每次30～45分钟的锻炼时间。强度低的有氧运动最佳。
- 像慢跑、徒步行这样的运动在享受大自然的同时身体又能得到锻炼，可谓一箭双雕。
- 运动后，要注意让身心彻底放松。可以冥想，也可以将身体呈"大"字型平躺在床上。
- 运动最好选择在白天，晚上的时间用来放松。
- 运动后最好喝一杯加了鲜榨柠檬或酸橙的矿泉水。

## 专为A型女提供的健康指导·生活方式篇

- 减肥计划过于周详反而容易受挫。只要实现目标的80%即可。
- 当感觉到疲劳、压力大时，建议补充维生素C、银杏叶精华素和人参等营养保健品。
- 饲养宠物的话，建议选择猫狗一类的动物，因为这类动物比较通人性。
- 建议体质虚寒的人多吃姜。特别是把姜切成末放入苹果汁中饮用，能让你的全身感到温暖。
- 按摩时切忌过度用力，以免产生疼痛感。建议使用精油按摩，或做淋巴按摩。
- 入浴可以很好地放松身体。入浴时可以在浴缸中滴入熏衣草精油，在温水中享受泡澡的乐趣。
- 早起可以让你变得更美丽。早上可以做做瑜伽或到附近散步。
- 睡前一个小时关掉电脑电源，手机也最好关掉。平稳舒缓的心情能带你进入甜美的梦乡。

- 如果睡前想喝点什么，可以来一杯红酒，当然，最好是喝一杯温热豆浆。
- 能让身心感到愉悦的性生活是A型美女不可缺少的。前提是要和你深爱的伴侣共度美好时光。
- 卧室的光线以平躺在床上时看不到自己向上伸出的手指为宜。卧室温度要适中。
- 消化系统疾病、经前综合征以及多囊卵巢综合征都是A型人要注意的疾病。日常均衡的饮食生活和适当的运动是通向健康美丽之路的必要条件。

# 艾丽卡推荐的适合A型的美体健康食品

下面介绍的都是艾丽卡的厨房常备的适合A型人的美体食品。

**拉拉派**
不含添加剂、采用100%的天然原料制成的果什派。由上至下分别是美国樱桃派、巧克力派、桂皮派。

**有机杏干**
一种果脯,既可以直接食用,也可以在烤饼干或点心时加入其中。不含色素和山梨酸等。

**有机特级初榨橄榄油**
采用有机栽培的橄榄榨制而成的初榨橄榄油。保留了橄榄本身所含的营养成分,是低温压榨的优质油。

**绿豆片**
原料中只含有绿豆和海盐。属于非油炸食品。可以代替仙贝或加入沙拉泥(参见第69页)中食用。

**加工糙米**
艾丽卡建议大家将优质杏仁酱和花生酱涂在糙米饭上食用。这样可以有效吸收其中的蛋白质和脂肪。

**糙米仙贝(黑芝麻)**
两餐之间想吃点咸味零食时,可以来点糙米仙贝。

**豆浆**
图中右为香草风味，左为大米和大豆风味。可以与烤饼搭配食用，或加入牛奶中饮用。香草风味的味道更佳。

**龙舌兰糖浆**
是萃取于龙舌兰的天然糖浆，属于低GI食品。甜味比普通砂糖高几倍，味道纯正。可以代替砂糖加入咖啡或菜中（参见第26页）。

**杏仁（无盐）**
富含欧米伽—9，可在两餐间当零食食用。特别想吃高GI的西式糕点时，可以同时吃5粒杏仁（参见第59~60页）。

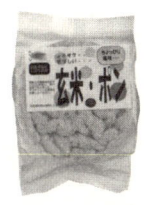  

**糙米花**
使用有机糙米爆制而成的糙米花。和加工糙米一样，艾丽卡建议糙米花和能够抑制血糖快速上升的沙拉泥、花生酱一起食用。

**樱野煎茶（绿茶）**
4-5月份采摘的新茶。淡雅的香气随着季节的推移会逐渐变得更加醇香。A型人每天在下午茶的时间饮用最佳。

**酿制酱油（tamari）**
A型人适合食用发酵大豆制品。尤其是这种酱油的原料中不含小麦粉和氨基酸。"tamari"品牌在全球家喻户晓，是一种非常受欢迎的调味料。

**亚麻子油**
优质亚麻子油中富含保护肌肤所需的欧米伽—3，有一种特殊的苦味。亚麻子油无需加热，可以直接加入思慕雪或调味汁中食用。

**亚麻子**
用研磨器磨成粉，加入水果或酸奶中食用。富含植物雌激素，能有效调节体内激素平衡。

# 后记

**艾丽卡的美丽哲学：
爱这个世界，爱你自己！**

我在日本定居已经快12年了，12年间我亲眼见证了很多女性的美丽蜕变。

尽管如此，许多女性的美还只是停留在表面。本书中曾多次提到，"幸福感"取决于饮食质量的高低。只有真正意识到美是由内至外而生的，才能够让自己看起来更加光彩夺目。衷心地希望心地善良、优雅贤淑的女性能意识到自己的美，对自己的美更加自信！

要实现这样的目标就应该做到每天以积极的态度享受人生，关心自己的同时也关心你的家人、你的周围。如果本书能对女性"塑造真美"有一些帮助，那我将感到无上的荣幸。

这次，首先呈递给大家的是关于A型血的美丽养成法，今后我还会再写关于O型血、B型血、AB型血的书。请其他三种血型的朋友耐心等待。

最后我要感谢所有参与本书编辑工作的朋友。

首先是共事四年的日本环球小姐（MUJ）全体工作人员和我所

指导的环球小姐候选人。特别是作为"新时代美女"的典范，领衔于众芳的森理世和知花库拉拉。

还有常常给我有益启示的朋友们和具有领袖魅力的MUJ的美女培训教练伊内丝·丽格伦。当然还有担任摄影督导工作的我的丈夫波鲁夫甘古·安吉亚尔，感谢他对我工作无微不至的关怀与支持。

对血型与健康的先驱研究者彼得·达达姆博士以及他的父亲詹姆斯·达达姆博士表示崇高的敬意。

真心地向所有人表示感谢，没有他们的帮助，这本书或许很难跟读者见面。谢谢！

当然，对于现在手拿此书的你，我也表示由衷的感谢！希望所有的女性都能焕发出应有的神采，希望所有的女性都能更加美丽！

2008年12月 艾丽卡·安吉亚尔

# 附录·A型女明星

## 中国A型女明星

### 李冰冰

国籍：中国

出生日期：1973年2月27日

星座：双鱼座

身高：165厘米

体重：47千克

血型：A型

职业：演员

毕业院校：上海戏剧学院

代表作品：《天下无贼》、《云水谣》、《风声》、《狄仁杰之通天帝国》

### 徐若瑄

国籍：中国

出生日期：1975年3月19日

星座：双鱼座

身高：160厘米

体重：43.5千克

血型：A型

职业：歌手、演员

毕业院校：台北商业技术学院

代表作品：《狠狠爱》、《黑色饼干》、《云水谣》

## 汤唯

国籍：中国

出生日期：1979年10月7日

星座：天秤座

身高：172厘米

体重：52千克

血型：A型

职业：演员

毕业院校：中央戏剧学院

代表作品：《色戒》、《月满轩尼诗》、《晚秋》

## 霍思燕

国籍：中国

出生日期：1980年10月23日

星座：天蝎座

身高：166厘米

体重：45千克

血型：A型

职业：演员、歌手

代表作品：《龙凤店》、《精武风云·陈真》、《绝命岛》、《少年天子》、《贫嘴张大民的幸福生活》

## 贾静雯

国籍：中国

出生日期：1974年10月7日

星座：天秤座

身高：160厘米

体重：45千克

血型：A型

职业：演员、主持人

代表作品：《大汉天子》、《倚天屠龙记》、《至尊红颜》

**韩雪**

国籍：中国

出生日期：1983年1月11日

星座：摩羯座

身高：169厘米

血型：A型

职业：歌手、演员

毕业院校：上海戏剧学院

代表作品：歌曲《飘雪》、《想起》、《竹林风》、《狂想的旅程》，影视剧《错爱一生》、《北平往事》、《利剑》、《天外飞仙》等

**高圆圆**

国籍：中国

出生日期：1979年10月5日

星座：天秤座

身高：165厘米

体重：48千克

血型：A型

职业：演员

代表作品：电视剧《大秦帝国》，电影《爱出色》、《无人驾驶》、《海洋天堂》、《南京！南京！》、《开往春天的地铁》

## 黄圣依

国籍：中国

出生日期：1983年2月11日

星座：水瓶座

身高：165厘米

体重：40千克

血型：A型

职业：演员

毕业院校：北京电影学院

代表作品：《功夫》

## 刘璇

国籍：中国

出生日期：1979年3月12日

星座：双鱼座

身高：153厘米

体重：48千克

血型：A型

职业：前国家体操运动员、主持人、演员

毕业院校：北京大学新闻与传播学院

代表作品：《我和我的父亲》、《夜半歌声》、《壮士出征》等

## 苗圃

国籍：中国

出生日期：1977年2月22日

星座：双鱼座

身高：168厘米

体重：48千克

血型：A型

职业：演员

毕业院校：北京电影学院

代表作品：《走西口》、《高兴》、《让爱随风》等

## 田馥甄（S.H.E中的Hebe）

国籍：中国

出生日期：1983年3月30日

星座：白羊座

身高：161厘米

体重：43千克

血型：A型

职业：歌手

代表作品：《不想长大》、《Super Star》、《美丽新世界》

## 李嘉欣

国籍：葡萄牙

出生日期：1970年6月20日

星座：双子座

身高：172厘米

体重：51千克

血型：A型

职业：演员、模特

毕业院校：玛利诺修院学校

代表作品:《海上花》、《画魂》、《堕落天使》、《原振侠》、《花魁杜十娘》

## 林熙蕾

国籍:中国

出生日期:1975年10月29日

星座:天蝎座

身高:170厘米

体重:48千克

血型:A型

职业:演员

毕业院校:美国加州大学

代表作品:《全职杀手》、《大笑江湖》

## 孙悦

国籍:中国

出生日期:1972年6月29日

星座:巨蟹座

身高:164厘米

体重：51.5千克

血型：A型

代表作品：《祝你平安》、《幸福快乐》等

## 蔡依林

国籍：中国

出生日期：1980年9月15日

星座：处女座

身高：158厘米

体重：42千克

血型：A型

职业：歌手

毕业院校：台湾辅仁大学

代表作品：《看我72变》、《日不落》

## 李小璐

国籍：中国

出生日期：1982年9月30日

星座：天秤座

身高：164厘米

体重：42千克

血型：A型

职业：演员、歌手

毕业院校：北京美国英语语言学院

代表作品：《都是天使惹的祸》、《天浴》

## 汤加丽

国籍：中国

出生日期：1976年7月13日

星座：狮子座

身高：165厘米

体重：58千克

血型：A型

职业：模特、影视演员

毕业院校：北京舞蹈学院

代表作品：《康熙王朝》、《还珠格格·第三部》、《倚天屠龙记》等多部影视剧

## 许茹芸

国籍：中国

出生日期：1974年9月20日

星座：处女座

身高：158厘米

体重：43千克

血型：A型

职业：歌手

毕业院校：台湾国光艺校

代表作品：《如果云知道》专辑、《你是最爱》专辑

## 毛阿敏

国籍：中国

出生日期：1963年3月1日

星座：双鱼座

身高：170厘米

体重：53千克

血型：A型

职业：歌手

代表作品:《烛光里的妈妈》、《绿叶对根的情意》、《思念》、《渴望》、《同一首歌》

## 林依晨

国籍:中国

出生日期:1982年10月29日

星座:天蝎座

身高:160厘米

血型:A型

职业:演员、歌手

毕业院校:台湾政治大学

代表作品:《恶作剧之吻》、《恶作剧之吻2》、《我的秘密花园》、《爱情合约》

## 杨丞琳

国籍:中国

出生日期:1984年6月4日

星座:双子座

身高:162厘米

体重:42千克

血型：A型

职业：演员

代表作品：《暧昧》、《过敏》、《缺氧》、《带我走》、《雨爱》、《海派甜心》

**金莎**

国籍：中国

出生日期：1983年3月14日

星座：双鱼座

身高：166厘米

体重：46千克

血型：A型

职业：歌手

代表作品：专辑《星月神话》、《这种爱》；影视剧《幸福的眼泪》、《大城市小浪漫》、《神话》

**王祖贤**

国籍：加拿大

出生日期：1967年1月31日

星座：水瓶座

身高：172厘米

体重：57千克

血型：A型

职业：演员

代表作品：《倩女幽魂》、《青蛇》、《游园惊梦》、《东成西就》、《打工皇帝》、《美丽上海》

## 任家萱（S.H.E中的selina）

国籍：中国

出生日期：1981年10月31日

星座：天蝎座

身高：163厘米

体重：45千克

血型：A型

职业：歌手

代表作品：《美丽新世界》、《不想长大》等

## 萧蔷

国籍：中国

出生日期：1968年8月13日

星座：狮子座

身高：170厘米

体重：48千克

血型：A型

职业：演员

代表作品：《一帘幽梦》、《家有仙妻2》、《小李飞刀》、《楚留香传奇》

## 李宇春

国籍：中国

出生日期：1984年3月10日

星座：双鱼座

身高：175厘米

血型：A型

职业：歌手

代表作品：《少年中国》、《和你一样》、《Why Me》、《蜀绣》、《梨花香》

## 厉娜

国籍：中国

出生日期：1983年2月23日

星座：双鱼座

身高：166厘米

体重：45千克

血型：A型

职业：歌手

代表作品：《广州爱情故事》、《讨厌电话》、《懂我》、《我不会说话》

## 高胜美

国籍：中国

出生日期：1969年1月27日

星座：水瓶座

身高：164厘米

体重：47千克

血型：A型

职业：演员

代表作品：《麻雀变凤凰》、《缘来高胜美》、《情病》、《真心》

## 倪萍

国籍：中国

出生日期：1959年2月15日

星座：水瓶座

身高：173厘米

血型：A型

职业：节目主持人、制片人、演员

毕业院校：山东艺术学院

代表作品：《女兵》、《山菊花》、《流泪的红蜡烛》、《中国姑娘》、《雪城》

## 胡蝶

国籍：中国

出生日期：1983年2月16日

星座：水瓶座

身高：167厘米

体重：51千克

血型：A型

毕业院校：中国传媒大学

职业：央视《朝闻天下》主持人

## 张雨绮

国籍：中国

出生日期：1988年8月8日

星座：狮子座

身高：170厘米

体重：50千克

血型：A型

职业：演员

毕业院校：上海戏剧学院附属戏曲学校

代表作品：电影《长江七号》、《少林少女》、《女人不坏》

## 欧美A型女明星

### 妮可·基德曼

国籍：澳大利亚

出生日期：1967年6月20日

星座：双子座

身高：178厘米

体重：50千克

血型：A型

职业：演员

代表作品：电影《时时刻刻》、《飞越地平线》

### 格蕾丝·凯利

国籍：美国

出生日期：1929年11月12日

逝世日期：1982年9月14日

身高：170厘米

星座：天蝎座

血型：A型

职业：演员

代表作品：《正午》、《乡下姑娘》

名衔：摩纳哥王后

## 费雯丽

国籍：英国

出生日期：1913年11月5日

逝世日期：1967年7月7日

星座：天蝎座

身高：160厘米

血型：A型

职业：演员

代表作品：《乱世佳人》、《欲望号街车》、《魂断蓝桥》

## 苏菲·玛索

国籍：法国

出生日期：1966年11月17日

星座：天蝎座

身高：173厘米

血型：A型

职业：演员、歌手

代表作品：《初吻》、《狂野的爱》

## 詹妮弗·安妮斯顿

国籍：美国

出生日期：1969年2月11日

星座：水瓶座

身高：165厘米

血型：A型

职业：演员、制片人、监制、投资人

代表作品：《冒牌天神》、《马利和我》

## 安吉丽娜·朱莉

国籍：美国

出生日期：1975年6月4日

星座：双子座

身高：173厘米

体重：51千克

血型：A型

职业：演员

代表作品：《史密斯夫妇》

## 欧嘉·柯瑞兰寇

国籍：乌克兰

出生日期：1979年11月14日

星座：天蝎座

身高：175厘米

血型：A型

职业：模特、演员

代表作品：《007之大破量子危机》

## 朱丽叶·比诺什

国籍：法国

出生日期：1964年3月9日

星座：双鱼座

身高：171厘米

血型：A型

职业：演员

代表作品：《卑贱的血统》、《布拉格之恋》、《浓情巧克力》、《蓝色》、《英国病人》等

## 惠特尼·休斯顿

国籍：美国

出生日期：1963年8月9日

星座：狮子座

身高：173厘米

职业：演艺、歌手

血型：A型

代表作品：《Whitney》、《I Look To You》、《我将永远爱你》

## 布兰妮·简·斯皮尔斯

国籍：美国

出生日期：1981年12月2日

星座：射手座

身高：162厘米

体重：50千克

血型：A型

职业：歌手

代表作品：《Britney》、《In The Zone》、《In The Mix, The Remixes》

# 日韩A型女明星

## 孙艺珍

国籍：韩国

出生日期：1982年1月11日

星座：水瓶座

身高：165厘米

体重：45千克

血型：A型

毕业院校：韩国首尔(汉城)艺术大学

代表作品：《假如爱有天意》、《夏日香气》

## 金雅中

国籍：韩国

出生日期：1982年10月16日

星座：天秤座

身高：172厘米

体重：48千克

血型：A型

职业：女演员、主持人

毕业院校：高丽大学言论大学院

代表作品：《海神》、《丑女大翻身》等剧

## 许英兰

国籍：韩国

出生日期：1980年9月16日

星座：处女座

身高：162厘米

体重：43千克

血型：A型

职业：电视艺人

毕业院校：京畿大学

代表作品：《第二次求婚》、《姐姐》、《顺风妇产科》

## 韩孝珠

国籍：韩国

出生日期：1987年2月22日

星座：双鱼座

身高：170厘米

体重：48千克

血型：A型

职业：演员

毕业院校：东国大学

代表作品：《一枝梅》、《灿烂的遗产》、《同伊》

## 金柳真

国籍：韩国

出生日期：1981年3月3日

星座：双鱼座

身高：160厘米

体重：47千克

血型：A型

毕业院校：韩国高丽大学

职业：演员、歌手

代表作品：歌曲《I Am Your Girl》、《Dreams Come True》；影视剧《人鱼公主》、《最后之舞》、《浪漫岛屿》

## 林秀晶

国籍：韩国

出生日期：1980年7月11日

星座：巨蟹座

身高：165厘米

体重：39千克

血型：A型

职业：演员

代表作品：《蔷花，红莲》、《对不起、我爱你》、《田禹治》

## 韩彩英

国籍：韩国

出生日期：1980年9月13日

身高：172厘米

体重：48千克

血型：A型

毕业院校：东国大学

职业：演员

代表作品：《蓝色生死恋》、《威尼斯恋人》、《豪杰春香》、《火花游戏》

## 河智苑

国籍：韩国

出生日期：1978年6月28日

星座：巨蟹座

身高：168厘米

体重：46千克

血型：A型

职业：演员

代表作品：《茶母》、《巴厘岛的故事》、《黄真伊》、《鬼铃》、《海云台》、《我的爱在身边》

**崔智友**

国籍：韩国

出生日期：1975年6月11日

星座：双子座

身高：174厘米

体重：50千克

血型：A型

职业：演员

代表作品：《冬季恋歌》、《天堂的阶梯》


**宋慧乔**

国籍：韩国

出生日期：1981年11月22日

毕业院校：世宗大学

星座：双鱼座

身高：161厘米

体重：45千克

血型：A型

职业：演员

代表作品：《浪漫满屋》、《蓝色生死恋》、《黄真伊》

**蔡琳**

国籍：韩国

出生日期：1979年3月28日

星座：白羊座

身高：168厘米

体重：48千克

血型：A型

职业：演员

代表作品：《爱上女主播》、《达子的春天》、《杨门虎将》


**高雅拉**

国籍：韩国

出生日期：1990年2月11日

星座：水瓶座

身高：169厘米

体重：45千克

血型：A型

职业：演员

代表作品：《向大地头球》、《雪花》、《玉琳的成长日记2》

## 韩智慧

国籍：韩国

出生日期：1984年6月29日

星座：巨蟹座

血型：A型

身高：171厘米

职业：演员、歌手

毕业院校：世宗大学

代表作品：《新娘18岁》、《爱也好恨也好》

## 李孝利

国籍：韩国

出生日期：1979年5月10日

星座：金牛座

身高：164厘米

体重：48千克

血型：A型

职业：演员、歌手

毕业院校：韩国国民大学

代表作品：《Stylish》、《Dark Angel》、《It's Hyorish》

**亚由美**

国籍：韩国

出生日期：1984年8月25日

星座：处女座

身高：163厘米

体重：48千克

血型：A型

职业：演员

代表作品：《彩虹罗曼史》

**具惠善**

国籍：韩国

出生日期：1984年11月9日

星座：天蝎座

身高：163厘米

体重：42千克

血型：A型

职业：演员

毕业院校：首尔艺术大学

代表作品：《薯童谣》、《19岁的纯情》、《花样男子》

**韩惠珍**

国籍：韩国

出生日期：1981年10月27日

星座：天蝎座

身高：165厘米

体重：46千克

血型：A型

毕业院校：汉城艺术大学

代表作品：《你的星星》、《加油！金顺》

**张娜拉**

国籍：韩国

出生日期：1981年3月18日

星座：双鱼座

身高：163厘米

血型：A型

职业：歌手、演员

代表作品：《红豆女之恋》、《淘气少女求爱记》、《开朗少女成功记》、《刁蛮公主》

**朴信惠**

国籍：韩国

出生日期：1990年2月18日

星座：水瓶座

身高：165厘米

体重：45千克

血型：A型

职业：演员

代表作品：《天国的树》、《原来是美男啊》、《彩虹罗曼史》

**徐贤**

国籍：韩国

出生日期：1991年6月28日

星座：巨蟹座

身高：168厘米

体重：48千克

血型：A型

职业：歌手

代表作品：《再次重逢的世界》、《少女时代》、《Kissing You》、《Run Devil Run》

## 坂井泉水

国籍：日本

出生日期：1967年2月6日

逝世日期：2007年5月27日

星座：水瓶座

体重：46千克

身高：165厘米

血型：A型

职业：歌手、作词家

毕业院校：松荫女子短期大学

代表作品：《灌篮高手》、《名侦探柯南》等动漫和电视剧的主题曲

## 松岛菜菜子

国籍：日本

出生日期：1973年10月13日

星座：天秤座

身高：173厘米

体重：54千克

血型：A型

毕业院校：相模女子大学高中部

职业：演员

代表作品：《向日葵》、《麻辣教师GTO》、《急症室24小时》、《魔女的条件》、《冰之世界》、《戒指》

## 饭岛爱

国籍：日本

出生日期：1972年10月31日

逝世日期：2008年12月24日

星座：处女座

身高：161厘米

血型：A型

职业：演员

代表作品：影视剧《齐天大圣孙悟空》、自传《柏拉图式性爱》

## 长泽雅美

国籍：日本

出生日期：1987年6月3日

星座：双子座

身高：168厘米

血型：A型

职业：演员

代表作品：《在世界中心呼喊爱》、《求婚大作战》、《Last Friends》

## 石原里美

国籍：日本

出生日期：1986年12月24日

星座：摩羯座

身高：157厘米

血型：A型

职业：演员

代表作品：《我的祖父》、《开朗家族》、《谜》

## 三枝夕夏

国籍：日本

出生日期：1980年6月9日

星座：双子座

身高：161厘米

血型：A型

职业：歌手、词作家

代表作品：《Shocking Blue》、《Tears Go By》、《Fall In Love》

## 泽尻绘里香

国籍：日本

出生日期：1986年4月8日

星座：牧羊座

身高：161厘米

血型：A型

职业：演员、歌手

代表作品：电视剧《一公升的眼泪》、歌曲《太阳之歌》

## 新垣结衣

国籍：日本

出生日期：1988年6月11日

星座：双子座

身高：168厘米

血型：A型

职业：演员、歌手、模特

代表作品：《龙樱》、《父女七日变》、《恋空》、《Smile》

## 岩田小百合

国籍：日本

出生日期：1990年7月21日

身高：160厘米

体重：43千克

血型：A型

职业：歌手、演员、模特

代表作品：歌曲《空色的猫》，影视剧《3年B班金八老师》、《吉祥天女》

## 山口百惠

国籍：日本

出生日期：1959年1月17日

星座：摩羯座

身高：163厘米

体重：49千克

血型：A型

职业：演员

代表作品：《伊豆的舞女》、《雾之旗》、《血疑》

## 椎名法子

国籍：日本

出生日期：1982年11月22日

星座：天蝎座

身高：157厘米

体重：39千克

血型：A型

职业：演员

代表作品：《GTO 麻辣教师》、《狸御殿》、《倒霉鬼游戏》、《真情姐妹花》

## 伊藤由奈

国籍：美国、日本

出生日期：1983年9月20日

星座：处女座

身高：163厘米

体重：46千克

血型：A型

职业：演员

代表作品：《Endless Story》、《Precious》、《Journey》、《Trust You》

## 仲间由纪惠

国籍：日本

出生日期：1979年10月30日

星座：天蝎座

身高：160厘米

血型：A型

职业：演员、歌手

代表作品：《圈套》、《极道鲜师》

## 中岛美嘉

国籍：日本

出生日期：1983年2月19日

星座：双鱼座

身高：160厘米

体重：39.5千克

血型：A型

代表作品：影视剧《生化危机4》、《新宿伤痕恋歌》；单曲《Stars》、《Crescent Moon》、《雪之华》

## 铃木亚美

国籍：日本

出生日期：1982年2月9日

星座：水瓶座

身高：159厘米

体重：44千克

血型：A型

职业：歌手、作词家、女演员、DJ

代表作品：《Love The Island》、《Sa》、《寒冬将尽》

## 持田香织

出生日期：1978年3月24日

星座：白羊座

身高：160厘米

血型：A型

职业：歌手、作词家

代表作品：《Time Goes By》、《Time To Destination》

**贯地谷诗穗梨**

国籍：日本

出生日期：1985年12月12日

星座：射手座

身高：156厘米

血型：A型

职业：演员

代表作品：《再见小津先生》、《大奥华之乱》、《爱情洗牌》、《染血将军的凯旋》

**竹内结子**

国籍：日本

出生日期：1980年4月1日

星座：白羊座

身高：162厘米

血型：A型

职业：演员

代表作品：《女婿大人》、《午餐女王》、《现在，很想见你》、《春之雪》

## 苍井优

国籍：日本

出生日期：1985年8月17日

星座：狮子座

身高：160厘米

血型：A型

职业：演员

毕业院校：日本大学

代表作品：《花与爱丽丝》、《蜂蜜与四叶草》、《扶桑花女孩》

## 黑木瞳

国籍：日本

出生日期：1960年10月5日

星座：天秤座

身高：163厘米

血型：A型

职业：演员

代表作品：《白色巨塔》、《家有妙女》、《妈妈排球队》

## 松隆子

国籍:日本

出生日期:1977年6月10日

星座:双子座

身高:165厘米

体重:43千克

血型:A型

代表作品:《同一屋檐下2》、《恋爱世纪》、《Hero》

## 宇多田光

国籍:日本

出生日期:1983年1月19日

星座:摩羯座

身高:158厘米

血型:A型

职业:歌手、作词家、作曲家

毕业院校:美国哥伦比亚大学

代表作品:《Colors》、《Come Back To Me》、《First Love》

## 加藤罗莎

国籍：日本

出生日期：1985年6月22日

星座：巨蟹座

身高：160厘米

体重：49千克

血型：A型

职业：演员

代表作品：《东京铁塔》、《特急田中3号》、《女帝》

## 中川翔子

国籍：日本

出生日期：1985年5月5日

星座：金牛座

身高：155厘米

血型：A型

职业：演员、声优、插画家、歌手、主持人

代表作品：《Brilliant Dream》、《Snow Tears》、《Shiny Gate》、《Ray Of Light》

**桐谷美玲**

国籍：日本

出生日期：1989年12月16日

星座：射手座

身高：164厘米

体重：45千克

血型：A型

职业：演员

代表作品：《音乐人》、《好想告诉你》

**藤原纪香**

国籍：日本

出生日期：1971年6月28日

星座：巨蟹座

身高：171厘米

体重：50千克

血型：A型

职业：演员

代表作品：《花样男子》、《美味米饭》、《结婚进行时》

## 木村KAELA

国籍：日本

出生日期：1984年10月24日

星座：天蝎座

身高：154厘米

血型：A型

职业：演员

代表作品：《Circle》、《Scratch》、《5 Years》

## 上野树里

国籍：日本

出生日期：1986年5月25日

星座：双子座

身高：167厘米

血型：A型

职业：演员

代表作品：电影《Swing Girls》、《虹之女神》，电视剧《交响情人梦》及《最后的朋友》等

## 柴田淳

国籍：日本

出生日期：1976年11月19日

星座：天蝎座

身高：155厘米

血型：A型

职业：演员、歌手

代表作品：《未成年》的主题曲

## 樱井幸子

国籍：日本

出生日期：1973年12月20日

星座：射手座

身高：157厘米

体重：42千克

血型：A型

职业：演员

代表作品：《花田少年史》

## 滨崎步

国籍：日本

出生日期：1978年10月2日

星座：天秤座

身高：156厘米

体重：40千克

血型：A型

职业：演员

代表作品：《新起步》、《自由自在》、《绝无仅有》等

## 黑木明纱

国籍：日本

出生日期：1988年5月28日

星座：双子座

身高：165厘米

血型：A型

职业：演员、歌手、平模

代表作品：《男装的丽人》、《任侠看护》、《舞吧!昴》、《风之花园》、《突击少女》

## 松田圣子

国籍：日本

出生日期：1962年3月10日

星座：双鱼座

身高：159厘米

体重：42千克

血型：A型

代表作品：影视剧《唯一的宝贝》；歌曲《裸足的季节》、《青色珊瑚礁》、《难忘再见之吻》

## 荒井萌

国籍：日本

出生日期：1995年3月3日

星座：双鱼座

身高：164厘米

体重：45千克

血型：A型

职业：演员

代表作品：《爱之歌》、《猫街》、《体操男孩》

## 板野友美

国籍：日本

出生日期：1991年07月03日

星座：巨蟹座

身高：152厘米

血型：A型

职业：演员

代表作品：《AKB48》、《真假学园》

## 铃木京香

国籍：日本

出生日期：1968年5月31日

星座：双子座

身高：166厘米

血型：A型

职业：演员

代表作品：《相亲派对》、《法医物语－闪亮的人生》、《新幕府大将军德川家康》

## 西野加奈

国籍：日本

出生日期：1989年3月18日

星座：双鱼座

身高：158厘米

血型：A型

职业：歌手

代表作品：单曲《想念》

## 前田敦子

国籍：日本

出生日期：1991年7月10日

星座：巨蟹座

身高：161厘米

血型：A型

职业：歌手、演员

代表作品：《老公真命苦》、《太阳与海的教室》

**矢野志保**

国籍：日本

出生日期：1976年6月6日

星座：双子座

身体：173厘米

血型：A型

职业：模特

主要成就：作为女性杂志的封面、平面模特，现今已成为年轻女性的"流行先锋"，更是日本关注度NO.1的模特